BEST

热情在沸腾

李浩天 编著

煤炭工业出版社
·北京·

图书在版编目（CIP）数据

热情在沸腾／李浩天编著．－－北京：煤炭工业出版社，2018

ISBN 978－7－5020－6348－1

Ⅰ．①热… Ⅱ．①李… Ⅲ．①成功心理—通俗读物 Ⅳ．①B848.4－49

中国版本图书馆 CIP 数据核字（2018）第 036974 号

热情在沸腾

编　　著　李浩天
责任编辑　马明仁
封面设计　浩　天

出版发行　煤炭工业出版社（北京市朝阳区芍药居 35 号　100029）
电　　话　010－84657898（总编室）
　　　　　　010－64018321（发行部）　010－84657880（读者服务部）
电子信箱　cciph612@126.com
网　　址　www.cciph.com.cn
印　　刷　永清县晔盛亚胶印有限公司
经　　销　全国新华书店

开　　本　880mm×1230mm $^{1}/_{32}$　**印张**　$7^{1}/_{2}$　**字数**　200 千字
版　　次　2018 年 5 月第 1 版　2018 年 5 月第 1 次印刷
社内编号　9228　　**定价**　38.80 元

前　言

热情，就是一个人保持高度的自觉，把全身都调动起来，完成他内心渴望完成的工作。

每份工作都值得人们尊重、热爱。我要用火一般的精神去热爱我的工作，这是一种对待工作最积极的态度。如果不热爱自己的工作，又怎么能够把工作做好？只要你做什么事都具备了热情的态度，你就可以释放出你所有的能力，这种能力可以助你成功，能扭转你的处境，使你的美梦成真。

热情是一种工作的精神特质，代表一种积极工作的精神力量，这种力量不是特定不变的，而是不稳定的。不同的人，激情

的程度与表达的方式不一样；同一个人，在不同情况下，激情的程度与表达的方式也不一样。人人都是具有激情的，善加利用，可以使之转变为巨大能量。

很难想象一个没有热情的员工能始终如一高质量地完成自己的工作，更别说做出创造性的业绩了。

本书阐述了热情的重要性、什么是热情、热情从何而来，以及怎样才能充满热情、保持热情，从而实现你的人生理想，成就你的事业。

目　录

|第一章|

热情是一种状态

|第二章|

热情是工作的烈火

|第三章|

激情是工作的灵魂

|第四章|

让工作成为兴趣

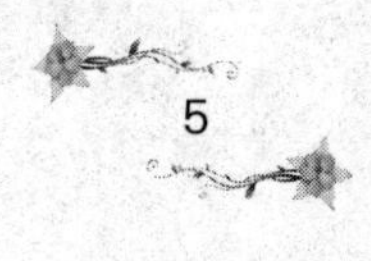

|第五章|

热情是一种积极的精神

第一章

热情是一种状态

热情是一种状态

“热情”（Enthusiasm）这个词来自希腊文Entheos，意思是“受到鼓舞”，其字面含义是“为上帝所有或在上帝那里”。也可以理解为“神在你心中”，它就是要人将全身的每个细胞都调动起来。

在英文中，“热情”这个词是由两个希腊字根所组成的，一个是“内”，一个是“神”。这也就是说，热情其实就是一个人因为对所从事的事业具有浓厚的兴趣，从而表现出来的一种积极向上的态度。黑格尔说过：“没有热情，世界上没有一件伟大的事能完成。”的确，热情是一种状态，是你获得成功

的原动力，是你成就事业的源泉。热情对于做人或做事都是不可或缺的条件，热情就像发动机一般能使电灯发光、机器运转，热情能激励人去唤醒心中沉睡的潜能、才干和活力，它能驱动人、引导人奔向光明的前程。

美国成功学大师拿破仑·希尔曾专程拜访美国钢铁业巨头施瓦伯先生，施瓦伯对拿破仑·希尔说：“一个人无论在什么事情上都可以成功，只要他对于那件事具有真正的热忱、非常浓厚的兴趣，即便要他多受些苦也在所不惜。而那些只会坐着不动，甘愿受别人支使的人，是干不出什么大事来的。”

一个人如果厌恶他的工作，并非因为工作本身可恨，而是因为他没有像对待自己的恋人一样去热情地对待工作。

起初，施瓦伯只是一个马夫，他每天的工作就是喂马、洗马具以及做一些零星的工作。虽然他的工作并没有什么了不起，但是他非常快乐。很多时候，他都是一边忙着手头的工作，一边嘴里快乐地哼着小曲。

有一次，他哼着歌曲工作时，歌声传到了钢铁大王卡内基的耳朵里，卡内基当时正坐在附近的一个回廊上。施瓦伯唱的这首歌他也很喜欢，而且他更喜欢这孩子在工作时热情快乐的

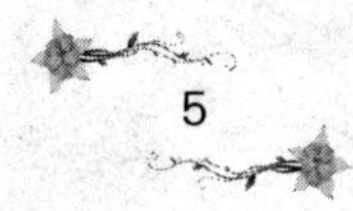

劲头。

于是，卡内基把这个小孩叫到屋里，专心地听他唱。慢慢地，他觉得自己不但喜欢这首歌，而且也喜欢这位歌唱者的性格。这个唱歌的小孩——查尔斯·施瓦伯，后来便成了伯利恒钢铁公司的总经理！

也许这一切都出于偶然，但如果施瓦伯不对工作怀有巨大的热情，恐怕他至今都还只是个马夫吧。

施瓦伯感慨于自己的经历，他说："事业成功的秘诀就是要在年轻时专心致志，只要能够倾心于其中，什么工作你都会喜欢的。"

追求艺术的道路更是需要十二分的热忱。每一个成功的艺术家，往往具有追求完美的毅力，忘我而沉醉于所追求事物上的热忱。

著名艺术大师罗丹的工作室是一个有着大窗户的简朴屋子，里面有已完成的雕像，也有许多未完成的小塑样，它们不是只有一只胳膊、一只手，就是只有一个手指或指节。屋子里全是他动工后搁置的雕像，草图全散在桌子上，这个工作室就是他一生在艺术之路上不断追求与探索的地方。

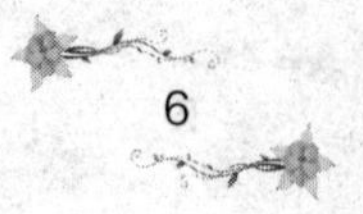

有一次，罗丹陪一位作家参观他的工作室，他在一个未完成的塑像前停下，对访客说："这是我的近作。"说着把湿布揭开，出现了一座女人的雕像。这位作家心想，这个雕像应该是已经完成的作品了吧。这时，罗丹退后一步，仔细看着。在审视片刻之后，罗丹说了一句："这肩膀上的线条还是太粗，对不起，我修改一下……"说完，他穿上工作衫工作起来，完全像变了一个人。

只见他拿起刮刀轻轻划过黏土，塑像肩上的肌肉瞬间便有了更柔美的光泽。他的手再次忙碌起来，眼睛里闪着热情的光芒。

罗丹修改了一会儿，又把架子转了过来，他时而眼睛发亮，时而眉头紧锁。他捏好一块黏土，粘在塑像身上，又刮开一些。就这样过了半小时、一小时……他没有再和访客说过一句话，专注于他的工作中，完全到了忘我的境界。

最后，罗丹长长吐出一口气，放下刀片，像一个情人一般充满深情地盯着塑像，然后又把带着关怀的湿布重新蒙在塑像身上。终于，罗丹转过身来。

他看见了那个作家，呆了一下，正要问作家是什么时候进

来的，忽然想起刚才的事情，他对自己的失礼感到非常抱歉，连连说道："对不起，先生，非常对不起，我完全把你忘了，可是你知道……"

这位作家后来曾说："真的，没有什么能比得上亲眼看到一个人如此忘我地投入工作，全然忘记时间、环境的神态那样令我感动。我很庆幸自己能看见罗丹如此专注地投入工作的情形。"

詹姆斯先生出生在一个中产阶级家庭，条件优越，他进过预备学校，人生的前18年住在纽约一个漂亮的小区里。詹姆斯先生每年的收入超过70万美元，可以算是一个富翁。在他每年的收入中，每1美元的投入就有超过20美元的净资产产生。

在解释自己的工作态度时，詹姆斯说："我没有经济上的担忧，我一心只想着去工作，我要去实现我的生意目标，这非常重要。而且，我每天都很想去公司，我就是凭着这个动力去工作，就是想把工作做好。"

詹姆斯先生对于工作的态度，已经不仅仅是简单的应付差事而已，他对于工作抱有极大的热忱，视工作为自己的第二生命。

人们常说"要和工作谈恋爱"，初听起来觉得好笑，工

作非人非物，口不能言，耳不能听，怎么谈呢？但仔细琢磨，这句话却有十分的道理。我们每天至少有八个小时的时间是和工作一起度过的，这还不算路上花费的时间，日复一日年复一年，耕耘在上班—下班—回家的三点一线上，这样的生活逐渐令大多数上班族感到厌倦。

如果你正在赶去赴恋人的约会，在路上又是什么心情呢？迫不及待、忐忑不安，恨不得插上双翅飞到恋人面前。将这样的热情投入工作，你便能天天与工作这个“恋人”约会了。

如果你能和工作有个约会便不会以“又要上班”的念头逼迫自己起床；如果你能和工作有个约会，便不会由于“怎么还不下班”的念头而频频看时间；如果你能和工作有个约会，便不会以马马虎虎的态度对待自己的责任。能和工作有个约会的人，他会以饱满的热情投入工作，就像陪伴在恋人身边；他会在工作中做好每一件事，就像在为恋人分忧；他会在工作中找到乐趣，就像在赶赴一场约会。

培养热情至关重要

一个热情的人，就等于有一尊神在他的心里。同样一份工作，同样由你来干，有热情和没有热情，效果是截然不同的。如果你的心中总是充满了激情，那么你做什么都会充满力量。反之，一个没有激情的人是不能够做到始终如一的，更不要期望他能够做出什么令人骄傲的成绩来了。可见，培养热情是至关重要的。

我们知道，构成智慧的要素是知识，但是仅仅凭借知识是绝对不够的。作为基础，知识也很重要。它包括商品知识、法律知识，如果是银行职员还需要从税金到资金运用等业务服务方

面的知识。对手公司会采取什么样的战略，也是一项十分重要的应该了解的知识。

除此之外，还需要将知识和热情做一个乘法计算，即“知识×热情”。

因此，即使知识是100，如果热情只有0的话，结果也只是0。但是，如果知识和热情都是5，那么因为是乘法，最后的运算结果就是25。有知识却没有干劲的人成绩不会出色，原因就在于此。

但是光有这些还不够，“知识×热情”仍然不能称为智慧。还要在其中加上“足够的经历和体验”，那么，结果就是“智慧=知识×热情+经验”。

经验可以分为多、一般、少三种。经验本身并没有多或少的差别，而是在于拥有经验的人自身是觉得这种经验比较丰富，或是认为一般，或是完全起不到什么作用而归入少的范围，即使是同一次经验，因人而异，也可以被这样区分。

假设有一个职员，到今天为止已经平平安安地干了30年，马上就要退休了。但是，虽然他工作了这么长时间，可这么多年来他一直是懒散地、懈怠地混日子，所以说他的经验也全都是一些皮毛。相反，即使是一个刚进公司的新职员，只要他用

充满激情的心绪去迎接每一天，那么他就会得到很多宝贵的经验。

那么，这两者哪个才能被称得上经历、经验丰富的人呢？当然是后者。公司职员，尤其是管理者，必须要不断磨炼自己，尽可能地收获丰富的经验。

恺撒领军出征，每每获胜必以酒肉金银犒赏三军。随行的亲兵仗着酒胆，私下里半开玩笑半认真地问恺撒："这些年来，我跟着您出生入死，转战南北，历经战役无数。同期入伍的兄弟，做官的做官，做将的做将，嘿嘿，为什么直到现在我还是小兵一个呢？"

恺撒指着身边一头驴，半开玩笑半认真地说："这些年来，这头驴也跟着我出生入死，转战南北，历经战役无数。哼哼，为什么直到现在它还是一头驴呢？"

好多人在入行几年以后会问同样的问题：为什么忙来忙去总感觉自己还在原地踏步？为什么那些并不怎么样的家伙却能春风得意？还要多久我才能咸鱼翻身、扬眉吐气呢？我在哪里才能遇上真正的伯乐啊？

凯撒在两千多年就给出了答案——问题不是你做了多久，

而是你有没有长进。

比尔·盖茨曾经说过："每天早晨醒来，一想到所从事的工作和所开发的技术将会给人类生活带来的巨大影响和变化，我将会无比兴奋和激动。"比尔·盖茨的这句话从某种意义上就是在向我们证明，无论我们做什么事情都要充满热情，只有我们对工作充满热情，我们才能在工作中找到乐趣。有许多人由于他们在自己的工作中缺乏热情，所以他们对什么事情都不感兴趣，事实上，我们要培养热忱，首先要做的就是对我们自己所做的工作充满兴趣。即使有些事情在开始的时候找不到快乐的感觉，但在努力工作后，我们会发现，这些事并不像我们以前所想的那样无趣或困难。任何一个员工，只要具备了这个条件，就能获得成功。

热情是一把烈火，它可以燃烧起成功的希望。任何个人要想获得成功的希望，必须将梦想转化为有价值的献身热情，并投入热情来发展和推销自己的才能。

在企业里，任何一位高层都必须是一位怀有极高热情的人，只有这样才算是一位合格的高层领导。

任何一位高层领导都有繁多的工作。人不是神，你虽然贵为高层主管，也不可能什么工作都能胜任。在某些工作上，也

许你的员工会比你做得更好；在某些方面，你的员工比你更出色。作为一名高层领导者，你必须在其职尽其责，你已经处在领导的地位上，所以你必须领导，必须管理。在这种情况下，你需要如何去做呢？在做的过程中什么最重要呢？

投入热情地工作，是任何领导、员工都必须具备的。作为高层领导，你需要对所在部门的经营比任何人都热心，热心的程度不能低于任何人。在很多时候，一位高层领导的知识、才能、学历都没有部下高，因为部下优秀者太多。但是，你比他们出色的地方是你的热情，这是部下不如你的地方，当你热情很高时，大家都会行动起来。这样，你就是一名合格的高层领导了。

作为一个企业老板，热情更加重要。如果你是一位各方面都优于他人的老板，这一定是无可挑剔的。一个有知识，有专业技术，有才能的人当然是最理想的人才。但是，这种人才少之又少，也许不存在。

一位企业老板说："从创业开始到现在，我的个人能力都没能提高多少，学历、知识、专业技术，我都比不过企业里的大部分员工。但是，作为一个企业的老板，我对事业的热情不亚于任何人，我能用热情的能力去感化任何一位员工，使他

们发挥所有的力量投入到工作中。正因为这样，我的企业发展得很好。几年前，我的企业进入发展期，公司在飞速地进步，技术上的事也是日新月异，一些新的难题刚产生就被解决。就经营而言，大量使用电子计算机等进行复杂的分析已经是许多企业的必需，对于我来说，电子计算机分析方面的知识只知其一，不知其二。不仅是我，我的许多老部下也不懂。不过，我们只需要担心自己是否有经营公司和做好工作的热情。如果没有热情，员工就会慢慢地离去，就算他们不走，也不能尽力把工作做好。只有对经营公司和做好工作怀有极高的热情，才能充分发挥员工的积极性，让员工使出全部力量，做到尽职尽责。”

是啊，即使智慧、才华远远优于他人的老板，如果你没有热情，那么你的部下很难产生积极、负责的情绪，这样，所有的智慧和才华都等于零。相反，你在其他方面哪怕什么也不具备，但是对于经营企业具备高度的热情，员工也会有智慧出智慧，有力量出力量，直到把事做好为止。

对工作充满热情，对于任何希望成功的人来说，都是必须具备的条件。

无论未来从事什么样的工作，如果你能够对自己的工作充

满热情，那么，你就不会为自己的前途而操心了。因为在这个世界上散漫粗心的人到处都有，而对自己的工作善始善终、充满热情的人少之又少。

成功学大师卡耐基认为，对工作充满热情的人，具有无穷的力量。

“人在一生中之所以能够成功，最重要的因素就是对自己每天的工作抱着热情的态度。”这句话是《工作的兴奋》作者威廉·费尔波说的。威廉·费尔波是耶鲁大学最著名而且最受欢迎的教授，他还说：“对我来说，教书凌驾于一切技术或职业之上。如果有热情这回事，这就是热情了。我爱好教书，如画家爱好绘画，歌手爱好唱歌一样。”

任何一位企业老板，都喜欢那些富有工作热情的员工。亨利·福特说过：“我喜欢具有热情的员工。他热情，就会使顾客热情起来，于是生意就做成了。”

所以，凡是具有必需的才气，有着可能实现的目标，并且具有极大热忱的人，做任何事都会有所收获，不论在物质上或精神上都一样。

热忱激发梦想

我们无论做什么事情都要有一种满腔热忱的心态。也就是说，无论我们做什么事情都要充满激情，而激情的实质是要发泄或者说显示自我。热忱是可以激发的，又是可以控制的，它可以从一个人身上传递到另一个人身上。热忱的能量与无线电信号相似，可以传遍全世界。热忱可以发送，可以接收。当一群人拥有了某种热忱，它便形成一股强大的力量。尤其是在追寻梦想的时候把热情带进来是很重要的，如果你有梦想并且希望实现它们的话。这种燃料一旦点燃，将会让你的“飞机引擎”在飞行期间生气勃勃地持续运转。有史以来，热情驱使着

世界上最杰出的人士在他们工作的领域达到人类成就的巅峰，而热情也会为你做同样的事。

最受美国人敬仰的、最著名的总统西奥多·罗斯福很早就有一个梦想，他希望美国的船只能够直接从太平洋开到大西洋，而无须远远绕到南美洲南端的合恩角去。要实现这个愿望，有许多困难需要克服。

首先，他遇到了国人的反对，这些人没有预见到开挖运河所能带来的巨大经济繁荣前景。他还遇到了世界上其他国家领导人的反对，他们不希望主持这一大型工程的权力落到美国人的手里。南美洲的国家首脑则由于他们国家的主权受到侵犯而提出反对意见。罗斯福总统没有被这些反对意见所吓倒。他对这个理想抱着热忱，同哥伦比亚和巴拿马两国政府进行谈判，终于取得了从大西洋岸边的科隆岛至太平洋岸边的巴拿马城开凿一条运河的权力。

问题并没有全部解决，由于中美洲的蚊子和黄热病，全盘计划几乎搁浅。罗斯福总统以其特有的风格解决了这两个困难。为了对付黄热病，医药发明出来了；为了对付蚊子，又生产出了杀蚊剂。他开凿运河不光为了通航，还要把这个地区变成旅游胜地。他意识到要是健康得不到保障，人们就不会观光游览。当运河开凿完成时，巴拿马城已成为了卫生的样板。这是罗斯福总统的热忱与决心得到的报偿。

作为公司来讲，我们更需要带着热情去工作的员工，一家公司的人力资源管理者表示："我们对外招聘时，特别注重人才的基本素质。除了要求求职者拥有扎实的专业基础外，还要看他是否有工作激情。一个对工作没有激情的人，我们是不会录用的。"

表现出你的热情

现代企业需要更多有工作热情的员工，他们才是这支企业大军的先锋队，在任何困难面前，一个充满工作热情的团队都能将之迅速化解。身处职场中，只要你拥有对工作的极大热情并让人看到你的这种工作热情，即使你不具备超人的才气，你在职场上的成功机会仍会很多。

要想让自己具有这种工作热情也并非难事，比尔·盖茨就曾说过这样的话："一个优秀的员工具有的两大优良品质——老人一样的经验和小孩一样的好奇心。"职场中的员工，只有始终保持一颗如幼童般的好奇心，才能在工作中充满热情并不

断去探索和创新。

一家公司在海外拓展业务，欲在公司内部选派一名精明强干者充任经理。为此，老板想了一个办法，他召集部下当众宣布：二楼角落里的那个房间暂时谁都不可以进去。员工们虽然对此感到疑惑，但大多自觉遵守了这个新规定。可是有一个员工却对此感到很奇怪，好奇心促使他想要揭开谜底：里面究竟是什么，为什么不让我们进入呢？于是一天下班之后他偷偷进入了那个房间，发现房间里留有一张字条，上面写着：“拿上这张字条，来办公室找我。”

第二天，老板宣布这个充满好奇心的人成为新区的业务经理，看到大家疑惑不解的神情，老板解释说：“在日常的工作中，无条件的服从绝对是一个员工的必备条件，可是对于一项新业务的拓展，热情和干劲却是第一位的。因为没有强烈的好奇心，就不可能有十足的热情。”后来的结果果然就像老板预料的那样，这位充满好奇心的新业务经理在海外把业务开展得有声有色。

作为公司中的一名普通职员，你或许无法选择自己的工作环境，但是你可以试着培养自己的工作热情。如果你想成为一名优秀的员工，那么就最大限度地培养自己的工作热情，以

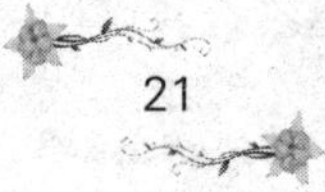

刺激自己更具创造性地思考和工作，它会引领你走向成功的道路。一个充满热情的员工，可以感染企业中的一大群人，这种感染力甚至会让整个团体都活跃起来。试想，有哪个老板、哪个主管会不喜欢这样的员工呢？

小叶顺利地通过了一家外资公司的考核，正式成为了这家公司的职员。他发现同事大部分都有丰富的经验，每每开会听到他们的意见和建议，小叶总是感觉自己和他们的差距很大。在这种无形的工作压力下，他在每天的工作时间里始终处于一种莫名的兴奋之中。他抓紧时间熟悉业务，每天六点钟起床，制定出自己全天的工作计划，一直忙到很晚才收工。每天忙碌于工作中间他感到很充实，也过得很开心。小叶这种激情四射的工作状态，使他不久就在工作上有了很大的起色从而获得了提升的机会。

传统的公司择人观都是对那些有资历、有经验的老员工青睐有加。但是，现在的一些高科技产业，特别IT行业，大部分员工都是一些刚刚毕业的年轻人，为什么会出现这样的情况呢？一些精明的企业管理者在知识经济的迅猛冲击下，他们逐渐意识到了老员工相对来说固然经验丰富一些，但是经年累

月，往往都缺乏年轻人那种工作中的热情和闯劲。而热情，才正是这些企业不可或缺的宝藏。

拿破仑征服了欧洲，拿破仑所到之处，都会聚集成千上万的、自发组织起来欢迎他的居民，即使是一个毫不相关的旁观者，也不得不被当时的热烈情绪所感染。我们敬佩拿破仑，但我们更应该赞美拿破仑手下那些具有澎湃热情的士兵，他们同样都是最伟大的人。从这个意义上讲，对于企业的一名职员来说，是否具有工作热情就并非是一件小事了。每个员工都是企业的一名士兵，一个充满热情的员工必然会感染周围的每一个人，从而一起为企业赢得更大的胜利。

伊尔说过："离开了热情是无法做出伟大的创造的。这也正是一切伟大事物所激励人心的地方。离开了热情，任何人都算不了什么；而有了热情，任何人都不可小觑。"所以说，热情是点燃生命的火种，热情是照亮前程的心灯。也只有那些心怀热情的人，方能绽放光彩绚丽的人生！所以，请保持一颗热情的心，让你的心中永远充满阳光，那是会给你带来奇迹的。

热情是力量的源泉

热情是实现愿望最有效的工作方式。

在我们的工作中，只有对自己的工作充满热情，才能取得很好的成绩。这就正如西点军校的戴维·格立森将军所说：“要想获得这个世界上的最大奖赏，你必须拥有过去最伟大的开拓者所拥有的将梦想转化为全部有价值的献身热情，以此来发展和展示自己的才能。”

因此，“热情”一词在西点军校，就被定义为：“热情是西点精英的力量的源泉。”

在严酷的军事训练中，西点学员从来不会无精打采地学习

和训练。每个人都像上足的发条，热情洋溢、生龙活虎且全神贯注。在他们脸上，你永远看不到不耐烦或厌倦的神色，即使是清扫垃圾这样的日常小事，他们也会视之为锻炼忍耐力和体力的一个好机会，热情地接受并出色地完成，这就是热情的力量。

事实上，热情是西点人的精神风貌。走进西点校园，你会得到所有人热情的问候；车子不幸抛锚，你会得到他们热情的帮助。在西点，热情的光芒闪耀在校园的每个角落。在西点军校看来，热情是一种展示军人价值的品质。

然而不幸的是，在很多公司中对自己的工作和所从事的事业充满热情的员工少之又少。看看我们的生活到底是怎样的吧！早上醒来一想到要去上班就心中不快，磨磨蹭蹭地挪到公司以后，无精打采地开始一天的工作，好不容易熬到下班，立刻就高兴起来，和朋友花天酒地之时总不忘痛陈自己的工作有多乏味、有多无聊，如此周而复始。

如果西点学员失去了热情，那么他们就失去了作战的勇气。毋庸置疑，凭借热情，他们可以释放出潜在的巨大能量，发展出一种坚强的个性。凭借热情，学员们把枯燥乏味的军校生活变得生动有趣，使自己充满活力，培养自己对军人职业的狂热追求；凭借热情，学员们可以感染周围的亲友，让他们理解自己、支持

自己，拥有良好的人际关系；凭借热情，学员们更可以获得上司的提拔和重用，赢得珍贵的成长和发展的机会。

比尔·盖茨无疑是一个对工作充满热情的人，正是他对工作充满热情，才使他非常热爱自己的工作。1975年开始创办软件公司，他就极其热切地投入到软件设计之中。可以说，他对自己的工作着了迷，用“废寝忘食”来形容他对工作的热爱和投入并不为过。

成绩是在不断地坚持中做出来的。我相信比尔·盖茨也曾经对自己的工作产生过一些抵触，没有人能抵制住事物本来的性质，可是他能够让自己很快地脱离出消极的阴影，继续让自己的激情永续。

我无法很坦然地说，我没有对自己的工作产生过抵触，我没有对自己的工作产生过厌倦。这尽管是一个我喜爱的工作，可是长时间的面对同样的、重复的任务，也使得我丧失了一些热情，甚至想到逃避。可是，我坚持了下来，我知道，每个人都有这样的经历和过程，如果我说自己从未动摇过，那是在标榜自己。之所以有“进步”和“成长”这些字眼，就说明了人们为了更美好的明天抵制住了自己心里一些消极的思想。

每当我要做日常的工作总结时，看起来是那么机械和没有

生气。我开始疲惫，并不是身体的疲惫，而是心理疲惫，我知道我的身体里发生了某些元素的变化，我感到了一丝的排斥。这时，理智战胜了我，的确如此，即便是简单得不能再简单的工作总结，它也有着不同的意义。对于一个渴望进取的人来说，这是多么的重要，只有我们通过工作总结认识到自己每天一点点的进步，我们才会对工作充满激情，如果我们对工作没有激情，我们如何来提升自己，如何让上司和公司信任我们，因为信任是无价的，既然公司信任我们，我们是不是应该以最认真的态度来对待公司。

想到这里，我开始感觉到自己心里有一股暖流涌出，这样的感觉源于理智，源于事实的本质，却最终归于理智，因为我会理智地对待工作中每一件看似非常平常的小事，这才是一个从业者对待工作的态度。

热情的态度

对工作是否具有热情，这首先是一个态度问题。也就是说，自己愿意从事的工作固然会让你具有热情，但那些自己不喜欢的工作也并非不能激发出你的热情来，只要你培养了热情的态度。而这，也是做任何事情的必要条件。许多人对现在正从事的工作感觉到棘手甚至难以解决，并非是因为事情有多么难办，而是因为他们缺乏热情的态度。因此，要想让自己在工作中得心应手，并取得骄人的成绩，最迫切的就是培养起热情的态度，并在热情的引导下去处理那些你最不感兴趣的事。

俄亥俄州克里夫兰市的史坦·诺瓦克下班回到家里，发现

他最小的儿子提姆又哭又叫地猛踢客厅的墙壁。小提姆过十天就要开始上幼儿园了，他不愿意去，就这样以示抗议。按照史坦平时的作风，他会把孩子赶回自己的卧室去，让孩子一个人在里面，并且告诉孩子他最好还是听话去上幼儿园。由于已了解这种做法并不能使孩子欢欢喜喜地去幼儿园，史坦决定运用刚学到的知识：热情是一种重要的力量。

他坐下来想："如果我是提姆的话，我怎么样才会乐意去上幼儿园？"他和太太列出所有提姆在幼儿园里可能会做的趣事，例如画画、唱歌、交新朋友等等。然后他们就开始行动，史坦对这次行动做了生动的描绘：

"我们都在饭厅桌子上画起画来，我太太、另一个儿子鲍布和我自己，都觉得很有趣。没有多久，提姆就来偷看我们究竟在做什么事，接着表示他也要画。'不行，你得先上幼儿园去学习怎样画。'我鼓起了全部热情，以他能够听懂的话，说出他在幼儿园中可能会得到的乐趣。第二天早晨，我起床后发现提姆坐在客厅的椅子上睡着了。'你怎么睡在这里呢？'我问。'我等着去上幼儿园，我不想迟到。'我们全家的热情

已经激起了提姆心里对上幼儿园的渴望，而这一点是讨论或威胁、怒骂都不可能做到的。”

热情是人的一种意识状态，当人处在这样的一种状态之下时，就能够使整个身心都充满活力，并采取积极的行动，进而使工作与生活不再显得辛苦、单调。另外，热情还可以感染到每个和你有接触的人，让他们与你一起共同奋斗，创造美好未来。

一个热情的人，等于是有神在他的心里。热情也就是内心的光辉——一种炙热的、精神的特质，如果将这种特质注入到我们的奋斗之中，那么我们无论面对什么样的困难都将所向披靡，战无不胜。

因此，对于每一个追求成功的人来说，培养热情的态度是至关重要的。那么，我们该如何培养起自己的热情态度呢？

（1）制订一个明确的目标。

（2）清楚地写出你的目标、达到目标的计划以及为了达到目标你愿意付出的代价。

（3）用强烈的欲望作为达到目标的后盾，使欲望变得狂热，让它成为你脑子中最重要的一件事。

（4）立即执行你的计划。

（5）正确而且坚定地照着计划去做。

（6）如果你遭遇到失败，应再仔细地研究一下计划，必要时应加以修改，别因为失败就变更计划。

（7）断绝使你失去愉悦心情以及对你采取反对态度者的关系，务必使自己保持乐观。

（8）切勿在过完一天之后才发现一无所获。你应将热情培养成一种习惯，而习惯需要不断地收起。

（9）必须以达到既定目标的态度来推销自己，自我暗示是培养热情的有力力量。

（10）随时保持积极的心态。在充满恐惧、嫉妒、贪婪、怀疑、报复、仇恨、无耐性和拖延的世界里不可能出现热情，它需要积极的思想和态度。

我们每个人都不甘于默默无闻，都渴望自己的生命中能有火花迸现，最好燃烧成熊熊的烈火。那么，就让我们在工作中保持着热情的态度，它是我们获得成功的不二法门。

热情铸就行动

乔·吉拉德以连续12年平均每天销售六辆汽车的纪录荣登《世界吉斯尼纪录大全》，并被称为世界上最伟大的推销员。人们都无不惊叹他何以能取得这样突出的成就？

有一次，有个人问他是干什么的，吉拉德说自己是汽车推销员。

听到回答后，对方不屑一顾：“你是卖汽车的啊？”

乔·吉拉德听出了对方语气中的蔑视，于是大声说道：“是啊，我以自己是个推销员为荣，我爱我的工作！”

《致加西亚的信》中的主人公罗文说，当他一穿上军服，

浑身上下顿时就会充满无穷的力量，就仿佛一匹随时奔向草原的烈马：四肢有力，目光锐利，头脑活跃。一旦接受了某项任务，他就会全心全意地去完成，任何困难都难不倒他。因为他热爱这份工作，这就是理由。

在完成把信送给加西亚这项任务之前，他已经完成了几项看起来根本不可能完成的任务，这也就是中情局局长阿瑟·瓦格纳上校之所以会如此肯定地对总统说："如果有人能把信送给加西亚，那么这个人一定就是罗文。"

可以肯定的是世界上任何成就的取得，都离不开热情这种具有魔法般功效的力量，而要使自己对某一件事情焕发出热情来，首先就必须对它有热爱之情。乔·吉拉德以自己是一个推销员为荣，罗文以穿上军装浑身就充满无穷的力量，也正是因为如此，他们才会取得别人望尘莫及的成就，完成别人认为根本不可能完成的任务。

我有一个朋友，记得他大学毕业刚来到北京，身无分文，住的房子里面除了一张床、一个桌子之外，其他的什么东西也没有了，平时的一日三餐都无法保障。他找了一份销售的工作，刚开始的时候一个月只能拿到几百元的底薪，认识他的人

都劝他还不如换一份技术类的工作，这样工资也相对会高一些，可他却说："我认为做销售更适合我，也更有前途，虽然现在生活是有些困难，可这只是暂时的，等我的销售技巧熟练了，我就一定可以拿高薪的。"

后来的事实证明了他的决定是正确的，一年之后，他每个月拿到的工资已经是他当初的十倍了，而且还升到了销售经理的位置，并且公司分给了他股份，他的前途可以说是一片光明。这个时候，他感慨地说："幸亏那时我没有换其他的工作，如果换了的话，我肯定不会取得今天这样的成绩。其实，当时我坚持做销售的最主要原因还是我喜欢这样的工作，热爱才能做得更好，也才能成功！"

"热爱才能做得更好"，事实上确实是这样的。我们常常听到好多人抱怨："工作真辛苦！真希望一辈子不用工作。"工作是我们赖以生存的手段，也是我们得以实现自我价值的载体，世界上任何一个人都必须通过工作来生活。工作诚然是辛苦的，世界上也没有任何工作是不用付出便能有所收获的，要想做出一番成就来，就必须付出。其实，只要你能从事自己喜欢的工作，把工作当成一种乐趣，那么，工作对你来说，

就是一种快乐，这样你就不会感觉到辛苦。当你把工作当成一种乐趣，并且一辈子做它的时候，事实上你是在从事你的“兴趣”，而不是在工作。

有一个男孩，从出生的那一刻起，世界呈现在他眼前的就是一片漆黑。为了生存，他便继承了父亲的职业——花匠。

听人说花是五颜六色、姹紫嫣红的，可他却看不到这些，他只是在有空的时候，用指尖去轻轻地触摸着花朵，然后把鼻子凑过去小心地嗅一嗅花香。他在自己的心底里勾勒出了花的娇态，并给不同香味的花添上了不同的色彩。

他比任何一个人都更要爱花，每天都要给花浇水，隔一段时间还要拔草除虫。他手边总是准备着一把伞，下雨的时候就替花遮雨，太阳毒的时候就替花遮阳……他对花如此的呵护备至，使得很多人都觉得奇怪，仅仅是花而已，值得这么做吗？不过，他的花确实是全城里长得最好的。从这里经过的人，大老远就能闻到一股醉人的花香，于是人们也总会停住脚步来，欣赏一番满园的玫瑰、菊花、牡丹……五彩斑斓，每每让人流连忘返。

花匠也许是再普通不过的职业了，可盲人用自己的热情和

心血，让花长得分外娇艳。由此可见，任何一个人，真心热爱自己的事业，为之付出自己全部的热忱，就一定能够做出让人艳羡的成绩来。

第二章

热情是工作的烈火

热情使你充满责任心

“责任”一词对于我们并不陌生。从年幼的儿童到长大的成人，从平常的普通百姓到身居高位的各级领导，不同的人承担着不同的责任。责任与每个人的生活密切相关。我们平时所说的社会责任、民族责任、家庭责任、环保责任等，就是责任的不同表现形式。

人在自己的哭声中而来，在别人的哭声中而去，跨越生死之间的这一段就是人生。从出生来到这个世界开始，我们在享受人生乐趣的同时，也在承担人生各阶段不同的责任。父母含辛茹苦地抚养新生命——抚养孩子是父母的责任；军队出生入死保家卫国——保家卫国是军人的责任；企业家依法经营照章纳税——照章纳税是企业家的责任；员工要完成自己的工作任

务——完成工作是员工的责任……

显而易见，在我们的人生经历中，个人的社会角色不同，其所对应的责任也随之改变。每一个角色都意味着一种责任，这就是人生。人生就是角色，角色就是责任，责任就是价值。人在同一个时间可能需要充当几个不同的角色，只有完成了这个角色的责任才能体现自己的价值，否则就没有任何价值可言！爱默生说："责任具有至高无上的价值，它是一种伟大的品格，在所有价值中它处于最高的位置。"

责任是成就人生的基石，是完善自我、成就自我的翅膀。翻阅历史，那些事业有成的人士，无不具有勇于负责的品质。阿尔伯特·哈伯特曾经说过："所有成功者的标志都是他们对自己的所说的和所做的一切负全部责任。"

乔治·华盛顿是美国人心目中的英雄，他领导了美国的独立战争，是美利坚合众国的创立者之一，1789年当选为美国第一任总统。他为人正直、品德高尚，深受美国人民爱戴。为了纪念他的功绩，美国的首都就以他的名字命名。

华盛顿出生在一个大庄园主家庭，家中有许多果园。果园里长满了果树，但其中夹着一些杂树。这些杂树不结果实，影响着其它果树的生长。一天，父亲递给华盛顿一把斧头，要他

把影响果树生长的杂树砍掉。再三叮嘱，一定要注意安全，不要砍着自己的脚，也不要砍伤正在结果的果树。在果园里，华盛顿挥动斧子，不停地砍着。突然，他一不留神，砍倒了一棵樱桃树。他害怕父亲知道了会责怪他，便把砍断的树堆在一块儿，将樱桃树盖起来。

傍晚，父亲来到果园，看到了地上的樱桃，就猜到是华盛顿不小心把果树砍断了，尽管如此，他却装作不知道的样子，看着华盛顿堆起来的树说："你真能干，一个下午不但砍了这么多树，还把砍断的杂树都堆在了一块儿。"听了父亲的夸奖，华盛顿的脸一下子红了。他惭愧地对父亲说："爸爸，对不起，只怪我粗心，不小心砍倒了一棵樱桃树。我把树堆起来是为了不让您发现我砍断了樱桃树。我欺骗了您，请您责备我吧！"

父亲听了之后哈哈大笑地说："好孩子！虽然你砍掉了樱桃树，应该受到批评，但是你勇敢地承认了自己的错误，没有说谎或找借口，我就原谅你了。你知道吗？我宁可损失掉一千棵樱桃树，也不愿意你说谎逃避责任！"华盛顿不解地问："承认错误真的那么珍贵吗？能和一千棵樱桃树相比？"

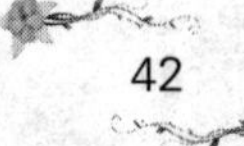

父亲耐心地说："敢于承认错误是一个人最起码的品德。只有敢于承担责任的人才能在社会上立足，才能取得别人的信任。看到你今天的表现，我就放心了。以后把庄园交给你，你肯定会经营好的。"

牢记父亲的教导，华盛顿一生都把勇于承担责任作为人生的基本信条。后来，这个故事传遍了整个美国，也影响了一代又一代的美国人。"责任"已经成为描述美国人的一个不可或缺的词。

责任心是成长之路上的无价之宝。责任伴随着每个人生命的始终，责任必定与你相伴终生。一个缺乏责任感的人，他的成长之路必定充满荆棘。承担了责任，我们也获得了成长。当我们呱呱坠地时，我们几乎不承担什么责任，当我们人到中年时，对家庭的、工作的、社会的、朋友的责任重重环绕着你，我们"负责"前行，责任让我们的成长之路更加顺畅！

责任心是个人走向成功的金钥匙。责任心是成就人生的基石，是完善自我、成就自我的翅膀。翻阅历史，那些事业有成的人士，无不具有勇于负责的品质。阿尔伯特·哈伯德曾经说过："所有成功者的标志都是他们对自己所说的和所做的一切负全部责任。"一个人承担更多更大的责任，他获得的成功也就越大。

热情使你充满力量

责任心是一个人一生是否有所成就的重要砝码。只有承担责任的人才能给人以信赖感，才会赢得别人的尊重，也为自己赢得尊严。如果你能够完全负起责任，你就是可托大事的人；反之，如果你习惯于敷衍塞责，应付了事，你可能永远做不出成就来。

泰勒是一家大型汽车制造公司的车间主任，手下管着一百多位安装技工。有一次，他带着几名员工安装一辆高级小轿车，安装完毕，恰逢总裁和他的几个朋友到车间巡视，其中有一位发现了这辆小轿车安装上的失误，因为总裁在场，泰勒怕

自己挨批评，便把责任推给了下属。总裁一看他这种做法，勃然大怒，当着全车间的人，把他训斥了一顿。

因为这件事，下属对他失去了信任感。在工作的过程中，对他所安排的事情阳奉阴违，而公司的管理层也对他有所成见。他的工作再也不能顺利开展，车间业绩直线下滑，因此被公司降职了。

一个人要想赢得别人的敬重，让自己活得有尊严，就应该勇敢地承担起责任。一个人即使没有良好的出身、优越的地位，只要他能够勤奋地工作，认真、负责地处理日常工作中的事务，就会赢得别人的敬重和支持。反之，一个人即使高高在上，却不敢承担责任，丧失基本的职业道德，便会遭到他人的鄙视和唾弃。

从人生大义上来讲，责任是我们完善和成就自己的一双翅膀。

这是一个有关大象的故事，尽管它们只是动物，但却和人一样，也懂得责任。和人相比，大象的责任似乎更多了几分悲悯。

在非洲大草原上，生活着一群大象。这些大象相依为命，别看它们身体巨大，但是它们的生存能力并不像它们的体形一

样强大。

有一年夏天，雨很少，而大象需要的水却特别多。它们生活的地方已经没有多少水了，它们必须找到新的水源。这一群大象开始了流浪，因为它们也不知道哪个地方水更多。

在他们寻找水源的时候，一头母象产下了一只小象。整个大象群都很开心，它们不时地用鼻子发出喜悦的声音。但是，母象却很担心，因为她担心小象支撑不到找到水的那一天。非洲的夏天热得不得了，大象们无精打采地走啊走，它们已经没有多少力气了。

很多大象已经慢慢地倒下了，还有一些大象趁着自己还没倒下就悄悄地离开了，因为它们不忍心让别的大象看到自己死去的样子，就独自离群了。

这些大象找到水，就让小象喝，因为小象比它们更虚弱。但是，每一次的水都太少了，小象没喝几口，水就没了，所以很多大象一直都没有水喝。

大象群里的大象越来越少了，但是剩下的大象并没有放弃，一旦找到充足的水源，它们就得救了。为了小象，为了彼

此的伙伴，它们一直坚持找水。

坚守责任能够使动物的世界生生不息，对人来说，承担责任，则是守住生命最高的价值。

将责任感根植于内心，让它成为我们脑海中一种强烈的意识，在日常行为和工作中，这种责任意识会让我们表现得更加卓越。

一位著名的企业家说："当我们的公司遭遇到前所未有的危机时，我突然不知道什么叫害怕了，我知道必须依靠我的智慧和勇气去战胜它，因为在我的身后还有那么多人，可能就因为我，他们从此倒下。我不能让他们倒下，这是我的责任。所以我在最艰难的时候，才变得异常的勇敢。当我们走出困境的时候，我对自己的勇敢难以置信，我会这么勇敢吗？是的，那一次遭遇让我真正明白了，惟有责任，才会让你超越自身的懦弱，真正勇敢起来。"

责任能够让人战胜懦弱和恐惧，战胜死亡的威胁，因为在责任面前，人们变得勇敢而坚强。

一位成功人士曾经说："职员必须杜绝把问题推给别人，应该学会运用自己的意志力和责任感，着手行动，处理这些问题，让自己真正承担起自己的责任。"

在工作和生活中，有些人总是抱着付出少、获取更多的思想行事。在这种情况下，不负责任的问题就出现了。如果他们能够花点时间，仔细考虑一番，就会发现，人生的因果法则首先排除了不劳而获。因此，他们必须要为自己的一切行为负责。要对自己负责，要做一个负责的人。

在这个商业化的社会里，人们越来越欣赏那些敢于承担责任的人。大家认为，只有这样的人才能给人一种信赖感，值得去交往；也只有这样的人，才具备开拓精神，为公司带来效益。所以在做事的过程中，我们应该要求自己具备一种勇于负责的精神，这样，才会获得别人的敬重，也为自己赢得尊严。

工作责任心是老生常谈的问题，既然经常能够听到很多人，比如教授、企业家、经理人、工人等在谈论这个话题，那就说明这是一个很难解决或者说很棘手的问题。不是要在这里解释“什么是工作责任心”，也不是要叙述“工作责任心的重要性”，只是想与大家一起分享有关“如何激发工作责任心”的想法。

责任心，是每一个身在职场的人的第一素质。做只尽职的牧羊犬，显得如此珍贵。新新人类最为人诟病的就是缺乏责任感，作为一个职场中人，学习建立负责任的观念，会让主管、

同事觉得孺子可教。抱着多做一点儿就多学一点儿的心态，你很快就会进入状况。抱着认真尽责的态度去工作，你的业绩会更加优秀。

只有把一个人放在特定的组织时来讨论“工作责任心”才是有意义的。因此，我们应该从员工和企业两个方面来探讨“如何激发工作责任心”。从事实看来，人们往往会站在公司的角度，单方面地去要求员工树立尽善尽美的工作责任心，却忽略了公司应该做些什么。及时地、正确地完成工作任务是最基本的工作责任心的体现，但是确保工作任务及时、正确地完成的应该是公司的规章制度、组织结构、报告制度以及跟踪监督系统，而不是单纯地依靠员工的工作责任心即可以完成的。因此，公司只有具备优良的企业文化、科学的规章制度、合理的组织结构、完整的报告制度和完善的跟踪监督系统时，公司的工作任务才能被仔细地分解并顺利地完成。与此同时，员工们也会被外界以工作责任心强而啧啧称赞。

以前在一些国有企业，办公室所有人都在看报、喝茶，不干实事，你也可以一样地喝茶、看报。他们可以不做事，你自己也可以不做事。但现在不同了，因为新公司里所有的人都在辛勤地工作，你若是落后的话就有被炒鱿鱼的危险。另外，公

司领导层的自律在激发员工工作责任心方面也起到关键性的作用。不论其级别的大小，公司中高级管理人员同样是公司的一员，同样应该遵守公司的规章制度。如果以各种理由搪塞自己的违规情况的话，则必然导致员工丧失基本的责任心，其负面影响不言而喻。

培养和激发工作责任心的主要责任应该在公司，而不是员工本人。当然员工自身也必须明确自己的工作目标、工作职责，才能创造性地完成工作任务。只有公司和员工共同努力，才能最大限度地激发员工的工作责任心，才能保证公司目标的实现。

某公司部门经理杨某由于办事不力，受到公司总经理的指责，并扣发了他们部门所有职员的奖金。这样一来，大家很有怨气。认为杨经理办事失当，造成的责任却由大家来承担，所以一时间怨气冲天，杨经理处境非常困难。

这时，秘书馨子站出来对大家说："其实杨经理在受到批评的时候还为大家据理力争，要求总经理只处分他自己而不要扣大家的奖金。"

听到这些，大家对杨经理的气消了一半儿。馨子接着说，杨经理从总经理那里回来很难过，表示下个月一定想办法补回

奖金，把大家的损失通过别的方法补回来。馨子又对大家讲，其实这次失误除杨经理的责任外，我们大家也有责任。请大家体谅杨经理的处境，齐心协力，把公司业务搞好。

馨子的调解工作获得了很大的成功。按说这并不是秘书职权之内的事，但馨子的做法却使杨经理如释重负，心情豁然开朗。接着杨经理又推出了自己的方案，进一步激发了大家的热情，很快纠纷得到了圆满的解决。馨子在这个过程中的作用是不小的，杨经理当然另眼有加，善于为领导排忧解难，对于升迁竞争的确是有利的。

大多数情况下，人们会对那些容易解决的事情负责，而把那些有难度的事情推给别人，这种思维常常会导致我们工作上的失败。

在充满竞争的现代社会，特别是近似于白热化的职场中，便显得尤为重要，是否能拥有这样的精神已经成为了我们个人是否能得以很好的生存与发展的一个基准。老板都喜欢这样的员工，因为这样的员工，他们时时刻刻为企业着想。比如，他发现公司的员工最近一段时间工作效率比较低，或者他听到一些顾客对目前公司员工服务的抱怨，他就把自己的想法和如何

改善的方案写出来投到员工信箱中，为管理者改善管理提供一些参考。即使，他的想法和改善的方案不能够切实地改善企业所出现的问题，但是他们的这一种做法却会给企业的领导提个醒，能让企业的领导去寻找到更合适的方法解决问题，从而促使企业得以更好的发展。可惜的是，现实中像这样的人还是少数，他们不仅不会发现问题，并且即便是发现了，他们也会表现得毫不关心，反而认为那是领导者的事，我们瞎操什么心呀，说不定费力不讨好呢。

其实，认为那不关自己的事、是吃力不讨好的想法是绝对错误的。为什么这么说呢？因为一名真正有责任感的领导者会非常感激这样的员工，而且他会感到很欣慰，因为他的员工能够如此关爱自己的企业，关注着企业的发展，他也会为拥有这样的员工而感到骄傲，也只有这样的员工才能够得到企业的信任。

海尔公司的内部报纸开辟了这样一个专栏，叫作《回音壁》，目的就是让员工把他们自己看到的、感受到的有关企业的方方面面写出来，无论是批评还是建议，只要是真实的就可以，并对这样的员工给予表扬和奖励。因为管理者相信员工是最能感受到企业细节的人，他们这么做，就是想让员工说出对企业的真实声音。他们这么做，极大地调动了员工的能动性，

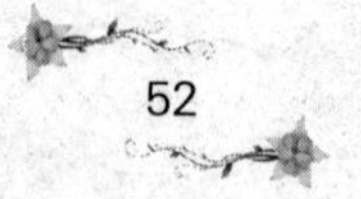

充分发挥了员工的积极性。他们不仅很好地完成了自己的本职工作，而且做了很多额外的工作。

海尔的一名员工曾说过：“我会随时把我听到的看到的关于海尔的意见记下来，哪怕我是在朋友的聚会中，还是走在街上听到陌生人说的话。因为作为一名员工，我有责任让我们的产品更好，我们有任让我们的企业更成熟、更完善。”

身在职场的我们，就应当拥有像黄埔人、像上面的那个海尔员工一样的精神与意识，我们才能勇于承担自己的责任，面对压力，并积极乐观地认为这是“天将降大任于斯人也”，而不是一味地抱怨；同时，会更愿意乐意挑起实现公司远景的责任。任何一家企业的老板都喜欢这样的员工，信任这样的员工，便会给予这样员工更大的责任和使命，理所当然，他们也会得到职务、或者金钱等各个方面的奖励，让他们的理想与抱负得以实现。

正如北美工具暨印模公司的总裁兼董事长托马斯·梅洛恩对企业领导者所说的“切记，您的员工真的很在意，他们非常地在意他们自己、他们的家庭、他们的专业发展和他们每天的职场生活。如果您能开发这个活力源头的话，并且将它和您公司的目标结合在一起，所造成的结果就会出乎您的意料之外”。

只要你是企业的一员，你就有责任在任何时候维护企业的利益和形象，这是自我责任的一种延伸，而这种延伸才能真正代表一个人对于企业的责任感和忠诚度。

责任是人最基本的义务

生活中每个人都有自己的责任，只有清楚地认识到自己的责任，才能更好地承担责任。有些人之所以工作出现问题，就是因为不清楚自己的责任造成的，他们把本该属于自己的责任看成与自己无关，所以没有尽心尽力地去做。当他们认清自己的责任，知道哪些是自己分内必须做好的，哪些是在做好分内工作的基础上才可以做的，他们才不会顾此失彼，才会主次兼顾，才会把决定要做的事情做好。

李菊几年前从北京回贵州过春节，她坐的是软卧下床，在她床铺上面是一位孕妇，李菊为了孕妇的安全于是和她对换了

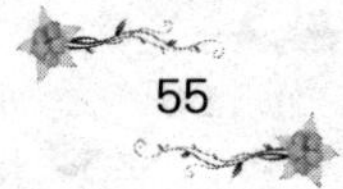

床铺。

第一天她们聊得很开心，第二天晚上9点半她们就可以到达目的地了，在离目的地还有3小时的路程时，那位孕妇突然要临盆，李菊立刻找了列车员，列车员知道后马上用广播在全车寻找妇产科医生。一段时间以后，车厢里没有任何的回应，她们都很着急，列车员又发出几次寻找妇产科医生的广播，可是妇产科医生迟迟找不到，情况越来越危险。正当大家失望的时候，李菊站了出来，她说自己曾是一家医院的妇产科护士。于是，列车长让李菊立即着手救治行动。

当一切需要的工具准备好以后，李菊非常着急地走了出来，她告诉列车长，她虽然是妇产科的护士，但是由于一次医疗事故，医院把她开除了。今天这个产妇的情况很不好，人命关天，她没有信心去处理这件事，建议立即送往医院抢救。

这时列车正在高速地行驶，要想到达最近的一个车站还有两个多小时，列车长很清楚当时的情况，于是郑重地对李菊说："你虽然只是护士，但在这趟列车上，你就是医生，你就是专家，我们相信你。"

列车长的话感动了李菊，她准备了一下，走进了那间临时的产房，在进入产房前她问列车长，在万不得已的情况下是保住小孩，还是大人？

列车长没有肯定地回答她，只对她说了一句话："我们相信你。"

李菊郑重地点了点头，然后开始她的救治行动。

一个多小时过去了，李菊成功地帮助产妇生下了可爱的小宝宝。

李菊的成功是因为责任，因为信任。列车长给李菊的责任让她战胜了自我，完成了使命，也找回了自己的信心和尊严。

不论你身在何职，你都应该静下心来，踏踏实实努力工作。你应该知道，只要把时间、努力、勤奋用在一个地方，你就会在这个地方获取成就。只要你勇于负责、认真地工作，你的成绩就会被大家认同，老板也会把你的所作所为记在心里，这样你就会获取老板的赞赏和鼓励以及同事的尊重。

企业的成功都是许多负责任的员工努力的结果。这些员工不会懈怠自己的责任，他们永远都忠诚于自己的使命，不会找借口为自己不能很好地完成任务而开脱。即使他们自身的任务

已经完成，也会去找一些不属于自己分内的工作来做，主动去承担那份责任。在任何情况下，他们所考虑的都是不放弃自己的工作，尽最大的努力把工作做好。

在世界500强的前十名企业里，他们的员工都把自己的工作视如生命一样的珍贵，对待工作总是精益求精，所以这些大企业里生产的产品都是无可挑剔的。这就是责任在这些大企业的员工身上所散发的力量。

责任感是我们战胜工作中所有困难的强大精神力量，使我们有勇气排除万难，甚至可以把“不可能完成”的任务完成得相当出色。失去责任感，即使做我们最擅长的工作，也会做得一塌糊涂。对于任何人来说，是不是人才固然关键，但最关键的还在于你是不是一个真正意义上负责任的员工。

古希腊的雕刻家菲迪亚有一次被委托雕刻一座雕像，在雕像完成以后要支付报酬时，委任方以任何人都没有看见菲迪亚雕刻雕像的过程而不给报酬。为此菲迪亚作了反驳，他说：“不，你们都错了，当时上帝看见了，因为我在接受这件工作的时候，上帝一直都在注视着我的灵魂！他知道我是如何把这座雕像完成的。”

为什么菲迪亚会这样说呢？因为菲迪亚相信，他自己的努

力上帝已经看到了，而且他相信，他所负责完成的作品是一件完美的作品。事实也确实如此，几千年后的今天，他的作品已经成为许多人赞赏的杰出艺术品。

如果你在接受一项工作的时候，都像菲迪亚那样珍惜，而且负责任地去完成，那么，你就找到了为世界做出贡献的途径。在经历的过程中，你会发现工作的乐趣及人生的意义。

充满责任感

西点军校上尉艾赛巴克·尼尔说："我们从不把西点军校的生活看作是乏味的事情，我们从军事训练中获得更多的意义。"西点学员从学习当中找到乐趣、尊严、成就感以及和谐的人际关系，这是他们作为一个合格军人所必须承担的责任。

责任感是一个人发挥潜能的基石，更是一个人品性崇高的所在。

前西点军校领导力首席教授赖瑞·杜尼嵩博士，之所以能够取得如今的成就，无不得益于西点对他灌输的责任感教育。

1966年，当杜尼嵩还是西点军校四年级学生的时候，他就

利用自己第一次到外地服役的机会自愿申请上战场。当时的他完全有理由和身边的大多数同学一样，选择到其他地方服役避开那场灾难性的战争，但是作为一名军人的责任感促使他还是毅然作了上战场的决定。他说道："在西点花了四年时间学习领导力，还有什么地方比战场更能让我学以致用呢？"

怀着这份崇高的使命感，杜尼嵩来到了战场上，他被派去负责修筑公路，这可是一项又苦又脏的活儿！虽然杜尼嵩凭自己工兵团少尉的身份完全可以只站在远处指挥士兵们干活儿，但是他却选择双脚下踩进泥中和士兵们同甘共苦。为了让自己工作得更好，在修筑公路时，他还要求自己学会操作建筑工程专用的特种车辆，甚至学会操作其他用途的最大型号车辆。

一次，一名士兵不小心把挖土机开到了路边的灌溉水渠中，费了九牛二虎之力也无法把挖土机开上来。一旦夜幕降临，这名士兵很可能就会遭到游击队的空袭。就在这个紧急关头。作为工兵团少尉的杜尼嵩根据挖土机的构造性能和被卡的情形给出了建议，使得挖土机能够在天黑之前安全抵达基地。杜尼嵩的领导才能一直被士兵们所津津乐道，只有杜尼嵩自己

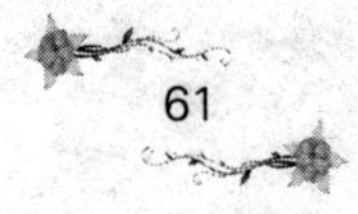

知道，在其位谋其责，并把职责当成自己前进路上无可推卸的责任，这迫使他一点一点进步成长起来，最终获得了“西点领导力之父”的美誉。

一个人责任心的强弱跟一个人能取得的成就是相互成正比的。但是敬请注意的是，责任感的强弱不是说出来的而是做出来的，而任何一个真正具有责任感的人都会像西点精英一样：不仅仅只会去做好自己应该做的事，而是会积极主动去完成任何一件影响到整个团体的事。

杜尼嵩身上所体现的对职责的使命感，成就了他杰出的一生。

职责是一个人开启成功之门的钥匙，每个人都肩负着责任，对工作、对家庭、对亲人、对朋友，我们都有一定的责任，正因为存在这样或那样的责任，才能对自己的行为有所约束。社会学家戴维斯说：“放弃了自己对社会的责任，就意味着放弃了自身在这个社会中更好的生存机会。”

有些不负责任的员工，在工作出现问题时，首先考虑的不是自身的原因，而是把问题归罪于外界或者他人。“是别人的错，与我无关。”“客户太挑剔，否则早成交了。”“经理没布置清楚……”在很多管理者看来，这些都是无理的一个借

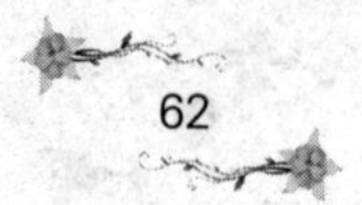

口。这些借口并不能掩盖已经出现的问题，这些理由不会减轻你所要承担的责任，更不会让你把责任推掉。

约翰和丹尼尔新到一家速递公司，被分为工作搭档，他们工作一直都很认真努力。老板对他们很满意，然而一件事却改变了两个人的命运。一次，约翰和丹尼尔负责把一件大宗邮件送到码头。这个邮件很贵重，是一个古董，老板反复叮嘱他们要小心。到了码头约翰把邮件递给丹尼尔的时候，丹尼尔却没接住，邮包掉在了地上，古董碎了。

老板对他俩进行了严厉的批评。“老板，这不是我的错，是约翰不小心弄坏的。”丹尼尔趁着约翰不注意，偷偷来到老板办公室对老板说。老板平静地说：“谢谢你丹尼尔，我知道了。”随后，老板把约翰叫到了办公室。“约翰，到底怎么回事？”约翰就把事情的原委告诉了老板，最后约翰说：“这件事情是我们的失职，我愿意承担责任。”

约翰和丹尼尔一直等待处理的结果。老板把约翰和丹尼尔叫到了办公室，对他俩说：“其实，古董的主人已经看见了你俩在递接古董时的动作，他跟我说了他看见的事实。还有，我也看到了问题出现后你们两个人的反应。我决定，约翰，留下

继续工作，用你赚的钱来偿还客户。丹尼尔，明天你不用来工作了。”

有些员工总是强调如果别人没有问题，自己肯定不会有问题，借机把问题引到其他人身上，用于减轻自己对责任的承担。与其在这里挖空心思找各种理由来推卸责任，还不如想一想怎么做能够真正承担起责任，把出现的损失降到最低点。

在韩国，三星公司的员工有一种独一无二的称呼——“三星人”，这种称呼正是三星一种独特的企业管理思想最佳体现。三星独特的企业管理思想的核心就是强调员工的责任心。

在一个企业中，每个人都有自己的角色，或者是员工，或者是主管，或者是高级经理，是什么支撑他们尽职尽责、加班加点地工作呢？通常认为的答案是工资、奖金和福利。

在三星遍布全球的很多分公司里，从前台到高级经理，每个人拿的都是年薪，也就是所有员工每年拿的都是一个固定数字的薪酬，没有加班费，也没有奖金，而年薪的等级和数量是一年考评一次，调整一次。

那么，是什么力量让三星的员工如此兢兢业业地做好自

己的工作呢？三星人认为，在一个家庭中，每个人也都有一个角色，或者是丈夫（妻子），或者是儿女，或者是父母，是什么支撑他们为自己的家庭操劳，无怨无悔地投入和付出呢？是金钱吗？肯定不是，答案是爱与责任。

这就是三星倡导的“对自己负责”的员工精神。三星的高级人力资源部经理刘航是这样解释的：“金钱刺激就像止痛药，只能是痛一下止一下，不能解决根本问题，而且容易产生依赖性。拿加班费来说，很多企业付加班费，但是他们无法杜绝员工拖延工作时间和进度来领取加班费这样的问题。而三星的员工加班完全靠自觉，他自己的工作没有做完，责任感会激发他加班完成工作，而没有加班费的刺激，员工也会尽量提高工作效率而不会养成拖延时间的习惯。”

从这段话中，我们可以看出，三星员工都能够对自己工作的结果负责，而对结果负责的人，就是对自己负责的人。所有的优秀人才，他们都有一个共同的特点，那就是对自己负责！

很多时刻，我们会遇到一些看似不能完成，或者是被人认为不太合理的任务，而老板和公司正在等待你的结果。这时你千万不要退缩，不要排斥，不要猜疑……因为你被要求提供结

果，同时也意味着你正在承担一种责任。你现在要做的就是承担责任，不要逃避，对自己负责，对结果负责。

热情使你勇于承担责任

世界上没有报酬丰厚却不需要承担任何责任的便宜事。想要一时不负责任有可能，但要付出巨大的代价。当责任从前门进来，你却自后门溜走，你失去的可是伴随责任而来的机会！对大部分的职位而言，报酬和所承担的责任有直接的关系。

主动要求承担更多的责任或自动承担责任是成功者必备的素质。大多数情况下，即使你没有被正式告知要对某事负责，你也应该努力做好它。如果你能表现出胜任某种工作，那么责任和报酬就会接踵而至。

凡是负责任的人，世界都会赋予他巨大的褒奖，不仅是金

钱还有荣誉。负责任就是积极担负起属于你的事情，而不是被动地完成。

这就是说，当你被告知过一次后再做同类事情就不需要再被告知了。

另外一些人，他们直到被告知过两次后才去做事情，这类人得不到荣誉，也得不到金钱。仅次于主动去做应该做的事情的是当有人告诉你怎么做时立刻去做。

还有一类人，只有当他们被逼无奈时才会去做事。这类人只会遭到漠视，收入当然十分微薄。这些人一生中大部分时间都在盼望幸运之神会降临到自己身上。更次等的人，只在被人从后面踢时才会去做他应该做的事，这种人大半辈子都在辛苦工作，却不停地抱怨运气不佳。

大家都有一套推托责任的办法。大家都不愿面对现实，更不愿背负自己的担子。这种态度对于我们所追寻的理想，所期望的目标，所经营过程中的那番苦心，都是一种很大的打击。

负责就意味着在出现错误时要勇敢承担，犯错就是犯错，不要讲“是他没做好，是经理没说清楚……”为自己不停地辩解，而要说“我错了”。

推托责任成了一部分人的思维定式，一遇到事情，就习惯地

说“不”，这样久而久之，连他们本来能够胜任的东西也不擅长了。等待他们的只有一种结局：庸庸碌碌，无所作为。

难道我们就无所作为吗？当然不是，除了尽职，一切本于善意，在我们小小的责任和关注之下，尽量发挥自己的力量。

是的，假使我们能做到这一步，也已经够了。我们不需要把整个世界的重任压在肩头或心头。只要我们耕耘，块土地，担任部分任务，影响一个小小的圈子，整个世界就会完美许多。假使我们英勇坚毅，竭尽心力去做，那就更好了。

如果团队中每一个人每天都能老老实实、诚诚恳恳地尽一己之天职，那么许多人的成就累积起来，便极为可观！有了众人的努力，就像千万片雪花可以滚成一个大雪球一样，就能在世界上汇成一种无比的力量了。

当然，也存在那么一种人，他们不相信自己的力量，所以他们自卑，退缩。假使一个兵说，我只一个人，单枪匹马，所以我可以不管，那么这场仗就注定要打输。

谁都想一鸣惊人，脱颖而出。可是最难能可贵的仍在于始终不眠不休，做人家所不注意、他人也极少去做的事。在暗室中，继续保持忠贞善良的人们才堪称伟大。

美国诗人惠特曼说：“如果我们要产生伟大的诗人，一定

同时要有聪明而能心领神会的读者。假使我们不善于领导，那么我们至少可以做身负艰巨任务的贤者的后盾。”

美国总统杜鲁门有一句著名的座右铭：“责任到此。请勿推辞！”

推卸责任是极不负责的态度。自己的事情出了问题，首先要从自己身上好好检讨一下，看自己做得是否足够好，是否做得没有一点儿失误，如果一味地找借口，把错误归结于别人或者客观因素上面，无疑会养成一种消极逃避的习惯，不敢对自己的行为负责，不敢对自己的人生负责。

只有积极主动地对自己的行为负责、对公司和老板负责的人，才是老板心目中最佳员工。如果你发现了问题，请你让责任停下来，从你这里解决掉它！让责任止于自己，这样我们才能看到更为美好的职场未来。

要想事业有成，我们就必须树立勇于负责的职业精神。勇于负责，会让你在工作中有更出众的责任，取得优异的成绩，这样自然比别人列能获得加薪和晋升的机会。勇于负责，会让你敢于承担更大的责任，积极主动地为公司的发展出力流法，建言献策，这样自然会得到老板的重用，将你培养成公司的顶梁柱。勇于负责，会让你的人格变得高尚，赢得同事的尊敬和

老板赏识，使你向未来的成功和辉煌积极地迈进。

当然，一个人承担的责任越大，付出得就越多，这也是很多人不愿承担责任的原因。他们不想把时间百分之百地投入到工作中去，更不愿意下班后还要考虑工作，影响自己的休闲生活，自然他们也不会获得多大的成功。

第三章

激情是工作的灵魂

工作热情是一种积极向上的态度

工作热情是一种洋溢的情绪，是一种积极向上的态度，更是一种高尚珍贵的精神，是对工作的热衷、执着和喜爱。它是一种力量，使人有能力解决最艰深的问题；它是一种推动力，推动着人们不断前进。

比尔·盖茨说："每天早晨醒来，一想到所从事的工作和所开发的技术将会给人类生活带来的巨大影响和变化，我就会无比兴奋和激动。"比尔·盖茨的工作激情让他创造了一个高科技网络时代，他本人也成了这个世界举足轻重的人物。他的热情感染了微软，也感染了整个世界。

微软公司宁愿任用曾经失败的人，也不愿要一个处处谨慎却毫无建树的人。微软在对应聘人员面试时有一个名为“挑战”的秘密测试武器。“挑战”的最早版本出现在口头进行的斯坦福·比奈智商测试中，测试的人可能会给出无标准答案的公开试题，例如在不使用用秤的情况下，怎样称出一架喷气式飞机的重量？答案显然不是唯一的。如果被测试的人不断地改变答案，那么得分为零。只有在被测试者利用逻辑为自己的答案进行辩护，并连续挫败两次“挑战”时，答案才会被认为是正确的。在整个面试过程中，考官会引导应聘者说出一些完全肯定、毫无争议的正确答案，然后说“等一下”，故意和他唱反调，直到他们能够充分证明自己答案的正确性为止。没有激情的应聘者会选择放弃，而这样的人也绝对不会被录取。

因为一个有激情的应聘者会始终坚持自己的立场，这样的人才才能成为企业财富的创造者。

一位微软人说：“没有这种热情，你在和客户交流的时候就很难说服他们。这种热情就来自于某种内在的东西。在微软工作，热情与聪明同等重要。”

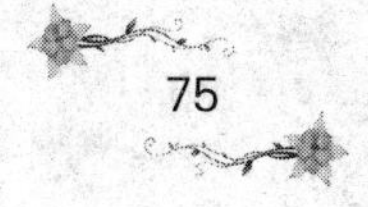

美国经济学家罗宾斯（RobbinsS.P.）认为：人的价值=人力资本×工作热情×工作能力。一个人如果没有工作热情，那么他的价值就是零。工作热情不是课堂上老师教的，也不是书本上写的，更不是父母天生给的。它是对事业、对工作的高度热爱，对社会、对他人的一片赤诚，对业务、对知识的无限渴求，对人生、对未来的美好憧憬，是以愉悦的心情去创造、去拼搏的动力。

当你无法在工作中找到激情和动力时，请重新思考你所从事的工作的神圣与伟大。任何工作都有它自身的神圣与伟大。假如你做了多年的教师，很有可能对整天和小孩子、粉笔打交道而厌烦；假如你是医生，很可能对患者的痛苦和患者家属的愁容无动于衷。公事公办式的职业道德在你眼里可能是可笑的，你可能会想，老板给我涨点薪水可能就会改变我的工作态度。其实，这时你缺少的不是薪水与职位，而是工作的激情。

许多人在刚刚踏入职场之初，干劲十足、激情高涨，对自己的职业前途寄予厚望。但用不了多长时间，工作的平淡就会磨平他们的工作激情，他们就会觉得自己像个机器人，每天重复着单调的动作，处理着枯燥的事物。他们每天想的不是怎样提高工作效率、提升自己的业绩，而是盼望着能早点下班，期

望着上司不要把困难的工作分配给自己。每当工作中出现不顺心的事，就会“鼓励”自己换个工作环境，然而每一次跳槽的结果都不尽如人意。他们要想摆脱职业困境，跳出这一怪圈，就必须想办法找回工作激情。

培养工作激情需要做到两点：

首先，必须明确工作的目的。知道自己在为了什么而工作是非常重要的。如果是为了理想，为了展示自己实实在在的价值，被他人和社会认可，为了没有白活一生而工作，而不仅仅是为了一份薪水而工作，就会感到快乐，感到工作总是有激情的。

其次，需要分阶段给自己确定目标。人们往往只在爬坡的时候才会感到干劲十足，充满激情。当爬上山顶的时候，反而觉得迷茫。所以，人们需要不断地给自己树立新的目标，这样工作起来才会有方向、有动力、有奔头，才有助于保持高涨的工作热情。

热情是工作之魂

要肯定生命，即使在你人生最惨淡的时候。凡是有生命的物体都会伸张自己的生命意志，生命哲学家尼采、柏格森等认为，生命的本质就是激昂向上、充满创造冲动的意志。因此，拥有生命的我们，一定要使生命充满和热情，要学会使工作充满热忱和快乐。

我们欣赏那些满腔热忱地投入工作、将工作看作是人生的快乐和荣耀的人。热忱是战胜所有困难的强大力量，它使你全身所有的神经都处于兴奋状态，去实现你梦寐以求的事，它不能容忍任何有碍于实现既定目标的干扰。

热情可以借由分享来复制，而且不影响其原有的程度，它是一项分给别人之后反而会增加的资产。你付出得越多，得到得也会越多。生命中最巨大的奖励并不是来自财富的积累，而是由热忱带来的精神上的满足。当你兴致勃勃地工作，并努力使自己的老板和客户满意时，你所获得的利益就会增加。

你的言行中的热忱是一种神奇的要素，它足以吸引你的老板、同事、客户和任何具有影响力的人，它是你工作成功的关键要素。

如果你不能全身心地、满腔热情地投入到工作中去，那么无论你做什么工作，都可能会沦为平庸之辈。你无法在人类历史上留下任何印迹：做事马马虎虎，只有在庸庸碌碌中了却此生。

美国微软集团每年都会在一些知名大学里招聘员工，那他们招聘员工的标准是什么呢？一位负责招聘的工作人员面对记者这样的提问，说了这样一番话："我们愿意招收的人，他首先应是一个非常热情的人，应该对工作热情，对技术热情，对公司热情，对同事热情。有时候在一个具体的工作岗位上，你们会觉得奇怪，怎么会招这么一个人？他的资历不深，年纪也不大，能胜任这个工作吗？其实，你只要和他谈过一次话，你

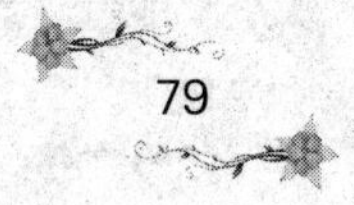

就会受到他的感染，愿意给他一个机会，这就是他所怀有的热情导致的。”

没有热情的军队是打不了胜仗的；没有热情的公务员不可能处理随时发生的公共事务；没有热情的商人也不会到全世界各地去做生意。热情，是所有伟大的成就取得过程最具有活力的因素。最好的劳动成果总是由头脑聪明并具有工作热情的人完成的。在一家大公司里，那些吊儿郎当的老职员们嘲笑一位年轻同事的工作热情，因为这个职位低下的年轻人做了许多自己职责范围以外的工作。然而不久他就被从所有的雇员中挑选出来，当上了部门经理，进入了公司的管理层，令那些嘲笑他的人瞠目结舌。

成功与其说是取决于人的才能，不如说取决于人的热情。热情使我们的生命更有活力，热情使我们的意志更坚强。不要畏惧热情，如果有人愿意以半怜悯、半轻视的语调把你称为狂热分子，那么就让他这么说吧。源源不断的热情，使你永葆青春，让你的心中永远充满阳光。让我们牢记这样的话：“用你的所有，换取你工作上的满腔热情。”

热情是一种发自于内心，又深入内心的意志精神力量。它能将内心热烈的感觉表现到表面来，因此，当你对工作满怀热

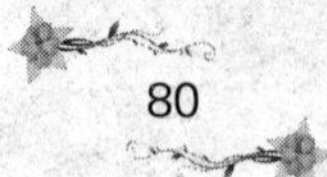

情的时候，工作就能吸引你的注意力，让你陶醉于工作之中。从这个层面上来说，热情是工作的灵魂。一个对工作没有热情的人，他就不能把自己的注意力集中在工作上，于是更多的时候，他会像一个游离物一样，找不到自己的立足点，也就不可能做出什么成绩。

在美国钢铁大王卡内基的办公室里，挂着这样的一块牌子，上面写着他的座右铭：

你有信仰就年轻，

疑惑就年老；

有自信就年轻，

畏惧就年老；

有希望就年轻，

绝望就年老；

岁月使你皮肤起皱，

但是失去了热情，

就损伤了灵魂。

要全身心地投入到思考和行动之中，就必须拥有对工作的热情。正如卡内基办公室牌子上所写：“失去了热情，就损伤

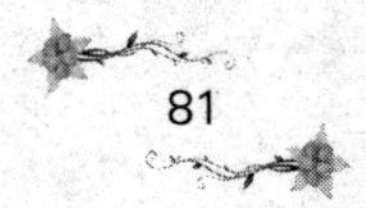

了灵魂。”确实如此，对于每一个致力于成功的人来说，都应该牢记这句话。在各种成功的素质中，居于首位的，应该就是热情。可以说，一个对工作充满热情的人，无论从事什么样的工作，都会认为自己的工作是一项神圣的天职，并怀着深切的兴趣，不管遇到的困难有多么艰巨，他都会始终如一地用热情和负责任的态度去进行。而一旦抱有了这样的一种态度，任何人都将有获取成功的机会。

有三个工人，正在各自盖一间房子。

第一个工人没开始干多久，就不耐烦了，他在心里这样想：“这房子反正也不是盖给我住的，费那么大的劲干吗？”于是他用了更快的速度，草草地就把房子盖好了，房子看起来摇摇欲坠，似乎一阵风就能把它给吹塌了。

第二个工人也是做了几天就感到枯燥了，可是他并没有像第一个工人那样，迅速地把房子盖起来，他心里是这样想的：“我既然收了别人的工钱，就有责任把房子盖好。”于是，他继续认真地干活儿，一丝不苟地完成了工作，他盖的房子十分结实。

第三个工人干着干着就变得快乐起来，心里想：“盖房子

真是一件美妙的事情，如果在房前种一些花草，房后再建一个园圃，一家人快快乐乐地住进来，多好啊！”于是他越想越高兴，不自禁地吹起了口哨，以更大的热情干了起来，并在房子上加了不少自己的创意。房子盖好之后，看起来美观大方。

一些年过去了，这三个工人他们的结局是不同的。第一个工人失业了，现在正在找工作；第二个工人，一切都还是老样子，他仍然死板地做着老本行；而第三个工人，却成了一位很有名气的建筑大师，经他手设计出来的房子独具风格、美轮美奂，很受人们的欢迎。

这三个工人，就是对工作抱有三种不同态度的人。用一种敷衍或者消极的态度来对待工作，永远不可能会做出什么像样的成绩来；只有把自己的全部热情和喜爱都注入工作中，事情才会向着你想要的更美好的方向发展。

激发你的工作激情

激情是人类精神的一种卓越品质，信心是构成它的基本要素，是激情的本体，实质及驱动力所在。没有信心，激情方兴未艾无从显示；没有信心，激情的能动就无法传达；没有信心，激情的力量就无从展现。没有信心，激情仍在沉睡着、潜藏着、静止着——需要信心够本它，使它积极起来，使它活跃起来。

信念是激情的重要激励因素，也是它的核心和实质。没有信念，就没有真正意义上的激情，激情的巨大能量也就无从展现，而只是处于休眠状态。

展现激情需要的是积极的信念，一种对所承担的责任必然胜任的信念。你如果认为自己必然失败，那么你怎么可能拥有激情

呢？你也不可能对自己不希望出现的结果抱有激情。而且，消极的力量无法激发激情，激发激情的只能是积极的信念！

只有人类重视它，对它怀着敬畏的态度，激情这种力量才能被激发出来。对古人而言，他们认为“激情”或许是上帝的特殊礼物。它能赋予人无穷的力量，使人吸收自然所赋予的精华。在激情的引导下，人们能够取得非凡的成就，这一事实必须得到承认。也许，古人会认为这种力量来自于外星球。因此，他们对于表达它的词汇明显带有超越自然本质的特征。

“激情”这个词源于古希腊，原始词汇有两层含义，即“激励”与“神”，合二为一，就是“被神所激励”的意思。

你会发现，当你对一个话题、一个目标、一项研究、一种追求或一些事业特别感兴趣时，你的激情就会完全被激发出来。你的精神之力和外在力量就会越来越集中，越来越强大。在这个时候，你的头脑高速运转，会比闪电还快。而且，你会感到无与伦比地轻松、高效，你的精神力量会成倍增长。精神机器也好像被放入了神奇的润滑剂，所有摩擦都没有了，各个部位都以惊人的速度平稳而轻松地运转着。这个时候，你的感觉会异常灵敏，如果这种精神状态得以持续，那么你就会发现崭新的世界向你敞开了大门。

在实际工作中，一些生意人或其他行业的人都取得了极大的成功，这是为什么呢？完全是因为他们对工作充满热情。这种热情可以激发出身体和精神上的巨大能量。当正常的能力被消耗完后，我们潜意识中储备的能量就接手了。当我们感到困顿不堪时，热情就会带动我们继续努力。不需要多久，我们就能获得新的力量，迎来一个新的开始。

你可以去问问那些销售商，一个成功的推销员最可贵的品质是什么。你会发现，答案都会无一例外地指向热情。热情不仅对推销员自身非常重要，更为关键的是，它具有极强的感染力，可以生动地、迅速地将用户对推销产品的热情激发出来。

同样，公众演说家、政治家具有热情，所以他们的才智和感情会迅速集中起来。他藉此把事情完成得更好，通过“精神感染”和听众达到了沟通。那些具有“燃烧的激情”的人也能够点燃周围的人。如果一个领导和老板具有激情，那么他就很容易被他的下属所接受。

显然，激情是精神面貌的展示，它会对其他人的精神产生直接和及时的影响。同时，它也是潜意识的产物，会对其他人的潜意识产生直接和及时的影响。它的作用可分为启发、鼓动和激励。它不仅让人的感受更灵敏，也点燃人的精神之火，激

发并活跃人的才智。在人类世界中，那些具有激情的个人最具鼓动作用，在需要之时，他们会自然地表现出来。

如果一个人真正拥有激情，那么他就会有如下特点：永远对目标和自己的主张充满信心；对自己所追求的事业时刻表现出兴趣；为了目标，努力奋斗，渴望价值的实现；不达目的，不知疲倦。但是，信念是这一切的基础和前提，如果缺乏信念，激情就会像一座纸糊的房子。

人们对自己所从事的事业的信念越强，他所表现出的能量和能力就会越强，他的工作效率也才会大幅度提高，在工作中对别人的影响力就会越来越大。信念激发并维持着激情，如果缺乏信念，激情就成了无源之水、无本之木。所以，获得激情的第一步，就是对你所从事的事业和项目信心百倍。

如果对所从事的事业和项目缺乏信心，那么激情永远都不会产生。如果生命没有信念和激情，那么就和行尸走肉无异。如果你要大展拳脚，那么你必须从心灵深处唤醒你的激情，你必须培养一种真诚而迅速的兴趣，并对你所从事的事业和项目产生坚定的信念。多少世纪以来，激情被称为“生命精神”，它就是“鼓舞人心”这个词的孪生兄弟，你需要从内心深处接受并激发出来。

把激情带入工作中

西点军校要求每一位学员都要具备火一样的激情，在他们看来，激情是每个人都应该具备的品质，是生命对我们的馈赠。当激情燃烧的时候，生活缤纷多彩，充满了渴望与想象；生命之树常青，时时跳跃着律动的音符。激情是一种品质，更是一种对待生活与生命的态度，其力量是无法抵挡的，甚至是死神也要敬畏三分。

西点人认为，激情是每一位军人都应该具备的优良素质，如果一个军人缺乏激情，那么他就称不上一名优秀的军人。毕竟西点军校的训练是枯燥的，如果缺乏对生活的激情，训练就

会变成无休无止的苦役，这是一件非常可怕的事情。学员们在面对每一次训练的时候，都能够全情投入，凭借着极大的热情和顽强的毅力，使得每一次训练都能够达到最好的效果。

许多西点学员在经历每一次的训练都保持和在第一次训练时同样的热情和认真，这是非常值得我们学习的地方。我们应该像燃烧的火焰一般热烈，用满腔的热情和积极主动的心态正确面对生活和工作。

在西点人看来，激情是前进的向导。对军人来说，激情代表强大的战斗力和威慑四方的魅力；对普通人而言，激情是发自内心的热爱。著名棒球运动员杰克·沃特曼的成功事迹是西点教官经常引用的例子。

杰克曾经参军入伍，退伍后为了谋求生计，他加入了职业球队。但是他不久便被炒了鱿鱼，因为杰克在球场上总是无精打采、软弱无力，根本无法带动观念的热情。在离开之前，球队的经理告诫杰克道："记住，无论做任何事情，你都必须投入百分之百的热情，否则，你将永远不会有出路的。"

杰克离开了职业球队后，参加了亚特兰大球队，月薪从

175美元骤然降至25美元，好不容易燃起的热情之火被这少得可怜的薪水迅速浇灭了。心灰意冷之下，杰克转念一样：“如果长此下去，我永远不会有出人头地之日了，保不下决心改变一下自己呢？”有了想法之后，杰克经老队员介绍去了罗杰斯曼顿镇，在那里实现了人生的重大转变。杰克在回忆录中写道：“第一天上场，我就以强大的气势冲入三垒，那位三垒手吓呆了，结果他漏接了，而我击垒成功了。当时的气温高达华氏100度，而我却热情高涨地在球场上奔来跑去，全然不顾头顶上似火般的骄阳和如雨般流下的汗水。那一次，我获得了出人意料的成功。这种激情所带来的结果让我吃惊，我的球技出乎意料地好。同时，由于我的激情，其他的队员也都兴奋起来。另外，我没有中暑，在比赛中和比赛后，我感到自己从来没有如此健康过。第二天早晨，我读报的时候异常兴奋。《得克萨斯时报》说：‘那位新加入的球员，无异是一个霹雳球手，全队的其他人受到他的影响，都充满了活力，他们不但赢了，而且是本赛季最精彩的一场比赛。’由于对工作和事业的激情，我的月薪由25美元提

高到185美元，多了7倍。在后来的两年里，我一直担任三垒手，薪水加到当初的30倍之多。为什么呢？就是因为一股激情，没有别的原因。”

杰克曾经因缺少对工作的激情，在赛场上无法激发自己的活力而沦落为失败的职业球手。在杰克意识到问题并决定改变后，他把工作当做自己的事业去热爱，即便骄阳似火、汗水如注，杰克都能以激动人心的精彩表现出赢得观众的阵阵喝彩。杰克命运转变前后的经历证明了“没有热情，就没有激情”这句话的正确性。在公司里也是如此，当员工对自己的职业不再怀有热情时，他在工作时就没有激情了。所以在一些成功的企业里，他们经常强调：激情的态度是做任何事的必要条件。任何员工，只要具备了这个条件，都能获得成功。

沃特是一个心地善良、为人亲切的人。整天他的脑子想的就是怎样去做正当事。他的生活极为规律，家里收拾得干净整齐，每天准6点半起床，冲澡、刮胡子之后吃早点，准7点他抓起午餐袋出门，开了45分钟的汽车，8点整便会坐在自己的办公桌上，然后埋头做着过去20年一直没变的工作。

下午5点钟他就到家了，从电冰箱里拿出一罐冷饮，随

之便坐在电视机前看起节目来。一个钟头后，她的太太也下班回到家，这时他们会商量到底是吃上一顿剩下的饭菜，还是丢一块冷冻比萨到微波炉里，等弄熟了再吃。餐后，他继续坐在电视机前看新闻，他的太太则为孩子洗澡并哄上床睡觉，九点左右沃特一定会上床就寝。到了周末，沃特就整理院子、维修汽车和补睡点儿觉。他结婚已有三年，和太太之间的感情虽非如新婚时的如胶似漆，不过日子过得还算不错。

你的身边有没有像沃特这样的人？或许你也正是这一类型的人，这种人在身心上，既从未遭遇过任何重大打击，也从未体验过任何极度快乐。他们对于工作一直是麻木不仁，更谈不上什么乐趣。

没有激情的人是麻木的，他们缺乏对生活的参与与要求，或者说，他们过于按部就班地生活，每天就仿佛生产线上的机器一样，始终如一地按照同一个程序重复工作，重复生活，单调而乏味，从不主动去对生活节奏进行丝毫的改变。世界上，缺乏激情的人是很难感到乐趣，也是很难悟到生命的真谛的。

你还记得在获得第一份工作时的情形吗？那么你已经有多长时间没有在工作中放进自己的狂热了？对工作保持激情和新

鲜感，会让你精力充沛、工作效率提高。

保持在工作中的激情，你也因此感到快乐，也会因此使工作成绩跟着水涨船高。

在西点军校，非常注重对学员的激情的培养。按照西点人的观点，只有那些始终不乏激情的人才能成为一名合格的军人，才能贡献出自己潜藏着的能量。有激情，就有希望，就有实践的动力。如果说成功躲在遥远的彼岸，那么激情就是顺向的风，不断吹动着我们的帆船向前驶去。

用100%的激情做1%的事情

满腔激情工作的人，不仅会被自己认同，同样也会被他人欣赏。激情是一项分给别人之后反而增加的资产。你付出的越多，得到的了会越多。生命中最巨大的奖励不是来自财富的积累，而是来自由激情带来的精神上的满足。

当你兴致勃勃地工作，并努力使自己的老板和顾客满意时，你所获得的利益就会增加。请在你的言行中洒入阳光般的激情，它是一种神奇的要素，吸引具有影响力的人，同时也是成功的基石。

激情是公司指导员工成功的关键，如果员工失去了激情，

那么他们就失去了作战的勇气。毋庸置疑，凭借激情，他们可以释放出潜在的巨大能量，发展出一种坚强的个性。凭借激情，员工们把枯燥乏味的工作变得生动有趣，使自己充满活力，培养自己对自己职业的狂热追求；凭借激情，员工们可以感染周围的亲友，让他们理解自己、支持自己，拥有良好的人际关系；凭借激情，员工们更可以获得上司的提拔和重用，赢得珍贵的成长和发展的机会。

诚实、能干、友善、忠于职守、淳朴——所有这些特征，对准备在事业上有所作为的年轻人来说都是不可缺少的，但是更不可或缺的是激情，它将奋斗、拼搏看作是人生的快乐和荣耀。

亨利·福特曾说过："我们从不把我们的工作看作是乏味的事情，我们从工作和培训中获得更多的意义。让员工从学习当中找到乐趣、尊严、成就感以及和谐的人际关系，这是他们作为一个合格员工所必须承担的责任。"

在微软公司，对于一名员工来说，激情就如同生命。凭借激情，员工不仅可以释放出潜在的巨大能量，而且还可以发展出一种坚强的个性；凭借激情，员工可以把枯燥乏味的工作变得生动有趣，使自己充满活力，培养自己对事业的狂热追求；

凭借激情，员工可以感染周围的同事，让他们理解你、支持你，拥有良好的人际关系；凭借激情，员工更可以获得老板的提拔和重用，赢得珍贵的成长和发展的机会。

诚然，激情是一种难能可贵的品质。正如比尔·盖茨所说："要想获得这个世界上最大的奖赏，你必须像最伟大的开拓者一样，将所拥有的将梦想转化为为实现梦想而献身的激情，以此来发展和销售自己的才能。"

历史上许多巨变和奇迹，不论是社会、经济、哲学或是艺术，都因为参与者100%的激情才得以进行。拿破仑发动一场战役只需要两周的准备时间，换成别人则需要一年，之所以会有这么大的差别，正是因为他对在战场取胜拥有无与伦比的激情。

伟大人物对使命的激情可以谱写历史，普通员工对工作的激情则可以改变自己的人生。著名人寿保险推销员贝特格正是凭借着自己对工作的高度激情，创造了一个又一个奇迹。

一个没有激情的员工不可能始终如一高质量地完成自己的工作，更不可能做出创造性的业绩。如果你失去了激情，那么你永远也不可能在职场中立足和成长，永远不会拥有成功的事业与充实的人生。所以，从现在开始，对你的工作倾注全部热情吧！拿出100%的激情来对待1%的事情，而不去计较它是多么

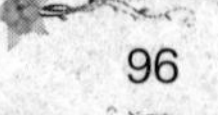

的微不足道”，你就会发现，原来每天平凡的生活竟是如此的充实美好。

激情的态度，让你全力以赴

美国的《管理世界》杂志曾进行过一项调查，他们分别采访了两组人，第一组是公司在职的高水平的人事经理和高级管理人员，第二组是商业学校的毕业生。他们询问这两组人，什么品质最能帮助一个人获得成功，两组人的共同回答是“激情”。

激情对于事业，就像火柴对于汽油。一桶再纯的汽油，如果没有一根小小的火柴将它点燃，无论它质量再怎么好，也不会发出半点光和热。而激情就像火柴，它能把你具备的多项能力和优势充分地发挥出来，给你的事业带来巨大的动力。

激情力不仅是促进团队作用的润滑剂，还是一个人品质的另

一种体现、是一种幸福的差事，可是在公司中为什么有的员工却把它当作苦役呢？绝大多数的员工都会回答是工作太枯燥了。然而实际上问题往往是出在员工对待公司的态度上，最主要的还是出在员工自己身上。如果员工本身不能激情地对待自己的工作的话，那么即使让他做他喜欢的事情，一个月后他依然觉得工作乏味至极。大多数公司中的员工已经有过这样的经历。

哈佛大学商学院丹尼斯·辛莱克教授对500家公司做过一个调查，结果显示，有80%的员工视工作为苦役，而且迫不及待地想要摆脱工作的桎梏。

然而，在很多公司中，激情力是西点军校取得辉煌业绩的一个重要因素，当新员工在训练中遇到挫折或失败的时候，他们决不会找借口为自己开脱——比如说自己的身体健康有问题、没有完全发挥等等——而是仔细地审视一下自己。员工从不无精打采地学习、磨磨蹭蹭去训练，实际上，正是这些因素决定他们在未来竞争中的胜负。因此，激情对于一个西点学员来说就如同生命一样重要。

激情的态度是做任何事的必要条件。任何员工，只要具备了这个条件，都能获得成功。

激情是鞭策和鼓励我们积极向上的不竭的动力，只有对

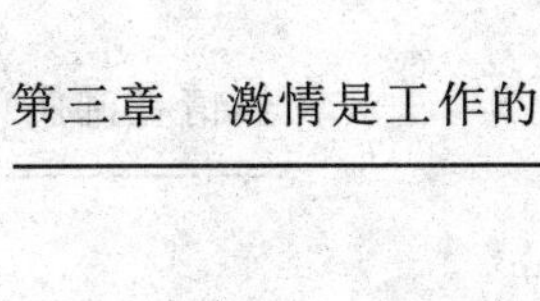

工作充满激情，才能使自己对现实中所有的困难和阻碍毫无畏惧。激情，是一种能把全身的每一个细胞都调动起来的力量。在所有伟大成就的取得过程中，激情是最具有活力的因素。

每一项改变人类生活的发明、每一幅精美的书画、每一尊震撼人心的雕塑、每一首伟大的诗篇以及每一部让世人惊叹的小说，无不是激情之人创造出来的奇迹。

最好的劳动成果总是由头脑聪明并富有工作激情的人创造的。

第二次世界大战期间，与法西斯主义势不两立的美国女记者多萝西·汤普森将她的报纸专栏作为打击希特勒政权的武器。她的专栏文章由报业辛迪加向五家报纸发稿，那些富有洞察力又注入了丰富感情的政治评论，使得同行们充满理性的专栏文章黯然失色。1994年，她的读者高达7万人。

满怀激情的工作成就了汤普森。在职场上，这种激情创造成功的范例还有很多很多。我们的生命，一半是给工作的，如果我们缺乏对工作的激情，工作就会变成无休止的苦役，这是一件非常可怕的事情。正如加缪描写的古希腊神话中的西西弗的境遇：他不停地把一块巨石推上山顶，而石头由于自身的重量又滚下山去，再也没有比进行这种无效而又无望的劳动更严厉的惩罚了。然而，倘若我们真的处在这样的境遇之中，尽

管可以找到怨天尤人的理由，但是，有一点必须注意的是，我们自己应对困境负主要的责任。我们往往把工作当成赚钱的手段，很少把它与实现快乐的途径联系在一起，而对待工作的态度则是以金钱的多少为转移的。

露西大学毕业后到一家创办不久的文化公司从事展销业务，本来展览经济是一个新的增长点，在这一行里有许多美好前景可以开拓，但处于初创阶段的公司业务并不是很好，露西的工资要比一同毕业的同学少一半。收入上的差距使她心里不平衡了，她开始私下寻找跳槽的机会。结果跳槽不成，她在公司第二年的竞聘上岗中也落聘了。

这山望着那山高，露西的致命伤就在于她丧失了上进的动力和兴趣，从而阻碍了自己的发展。其实，工作的成就感绝不只是靠金钱得到的，把收入看淡一点儿，从工作中发现兴趣，远比盲目地另找一份工作要实际。

对自己的工作充满激情的人，不论工作有多少困难，或需要多少的努力，始终会全力以赴，而且一定能够出色地完成任务。

倾注全部激情

人生的目标贯穿于整个生命，你在工作中所持的态度，把你与周围的人区别开来。

成功是激情投入的产物，有些人热爱工作几乎达到了废寝忘食的地步，因为工作给他们以成就感，工作令他们兴奋、令他们感到生命的充实。也正是因为这样，他们才能在工作中不断扩展自我、获取新知，达到成功的新境界。

微软创始人比尔·盖茨就是一个非常有激情的领导者，他的每次演讲都能引起听讲者的共鸣。比尔·盖茨说：“我曾经有一个梦，这个梦就是在世界上建立一个让美国人可以骄傲的软件公司。

我们公司公司文化的核心就是激情文化，员工必须要有激情，才能全身心地投入到工作中去，而技巧是可以培养的。”

微软公司人力资源部人事经理威廉·哈里斯指出：“软件行业的发展离不开激情，研发工作是非常枯燥的，如果没有激情，没有对软件行业的一种感情，根本无法坚持下来，所以在挑选员工时，我们要看他对这份职业是否有兴趣，是否有激情，有时候这甚至比技术方面的考察更重要。”

“我们公司没有考勤钟，不记录迟到、早退，但员工都很自觉。”威廉·哈里斯自豪地说，“微软公司为员工提供了很好的服务设施，每天免费供应各种饮料，早上有牛奶，中午有酸奶，还有各种点心和方便食品，晚上加班有夜宵供应。公司内甚至还设有临时卧室，有员工加班或身体不舒服可以随时休息。公司的阿姨和快递可以为员工处理家里的事情，比如交水电费、寄信，甚至接送家属，让员工能够全身心地投入工作。逢年过节，会有总裁亲笔签名的慰问信寄给员工的家人，有时候还会邀请家属参加公司的活动。在人员流动率较高的IT行业，微创公司的流动率却很低，有些部门的流动率为零，高的

也只有百分之十几。有员工提出跳槽时，部门主管和人事部门都会和他做离职沟通，询问离职原因，并做好善后工作，即使是公司解聘员工，也会进行沟通，听取员工意见。

在很多公司的培训中，如何调动新员工学习和执行任务中的积极性，让他们在执行任务中倾注激情，在快乐中圆满的完成任务，被作为训练中的重中之重。

松下幸之助认为，一个员工是否喜爱他的职业，这是很容易就能看出来的。他十分投入，其表现出来的自发性、创造性、专注和谨慎，非常明显。在松下公司的领导者眼里，那些充满乐观精神、积极上进的员工，做什么事都干劲十足，神情专注，心情愉快，自己创造机会，把握机会，一心想把训练任务完成的更加完美。

松下公司尤其注重对不同资质的员工能力的发掘和引导。人力资源部经理运用一切方法来充分调动员工的积极性，也时时刻刻影响着周围的员工，让他们体会到热爱工作的意义和快乐。松下公司的人力资源部经理可以说就是热爱工作这种教育的最好典范。松下公司的人力资源部经理对自己的训练工作有非常严格的要求，他们在培训新员工的过程中竭尽全力，以满

腔激情、爱心和责任心对待每一位员工，员工也能从他那里得到教育，并且受益无穷。教官们好像要把温暖的阳光一丝不留地照射到每个员工的心中。

而在许多公司中人力资源部的培训师的态度则是难以和松下公司的人力资源部经理相比的，他们从早晨一开始就对一天的培训工作感到乏味，一想到要去给那些愚蠢的新员工上课，就深恶痛绝，想着如果哪一天不用上课就解放了。他们是一种得过且过的心态，反而把不良的心态传染给了新员工。但是，松下公司的人力资源部经理以自己的行动教育新员工——对职业的热爱是前进的动力。

松下公司还十分注重从一些细微的之处培养员工的激情和积极性。员工都要学习解决生活中遇到的问题，譬如补鞋这么个看似简单的工作，员工把它当做艺术来做，全身心地投入进去。无论是一个小小的细节，员工们都会认真去做。这样的员工给你的感觉，他就是一个真正的艺术家。

速记同样是松下公司所要求的一项基本技能，有一些员工，他们的速记能力很强，而且精神状态好，让他的上司也能

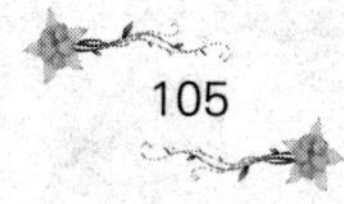

感受到他的工作是一种真正的愉悦。但在许多公司中，许多员工则对工作粗心大意、敷衍了事，从不认真要求自己，只求速成，不管质量，即使是犯了错误也不在乎。这在松下公司的员工看来却会感到大为不安，假如由于个人的问题而使上司受损，更是痛苦不堪。

同样在一个公司里也是这样，办公室、商店、工厂里，随处可见一些职员散漫拖沓，似乎连走路都要费很大的劲，让人觉得，对他们来说生活是一个沉重的负担。他们厌恶自己的工作，希望一切都快些结束，他们根本就不清楚，为什么别人能充满激情，干劲十足，自己却总是觉得不管什么事情乏味无聊。看着这样的职员干活，简直就是受罪，他们愤世嫉俗。

而那些充满乐观精神、积极上进的西点员工，做什么事情都是干劲十足，神情专注，心情愉快，自己创造机会、把握机会，一心想把任务完成得更好。对工作的不同态度：或认认真真，或充满激情或不冷不热，或专注投入或冷漠淡然，其最终的结果存在着天壤之别。

每一个上司都会觉得兢兢业业，神情专注，充满激情的员工更加值得信任。每一次提升对他们都是莫大的鼓励。这些员工的积极心态也往往会感染他的上司，上司也知道，这样的下

属在竭尽全力帮助自己，并且对那些散漫拖沓的员工也是一种激励。另一方面，在那些冷漠、马虎、懒惰的员工的影响下，管理者的工作态度也会改变很多，存在一种随遇而安的心理。所以，他会自觉地与有良好心态的员工在一起，关心他们的生活，对那些不专心工作，逃避责任，不注重实绩的员工，有一种本能的排斥心理。

我们要像松下公司的员工那样，对任何一件小事，任何一个细节，都认真对待、关注，每做一件事情都全身心地投入，充满激情，那么，你终究有一天会成功的。

用激情感染每一个人

松下公司的人力资源部经理就是“热爱工作”这种教育的最好典范。他们在培训新员工的过程中竭尽全力，以满腔激情、爱心和责任心对待每一位员工，好像要把温暖的阳光一丝不留地照射到每个员工的心中。这些经理们以自己的行动教育新员工——对职业的热爱是前进的动力。

热爱自己的职业就会产生前进的动力，有了动力就会充满激情，增加激情，就会对工作更加重视，无论是什么职业，都当它是一件伟大的事情。下面这个故事就是最好的证明。

野田圣子是日本最年轻，也是唯一的女性首相候选人。

她的第一份工作是清洗马桶，她觉得这是一份十分恶心的

工作。一天，一位领导教她如何洗马桶。洗完后，这位领导什么话也没有说，从马桶里装了一杯水一饮而尽……

通过这件事情，野田圣子认识到：工作不分贵贱，不论是什么性质的工作都有它的意义与价值，一个对工作不敬业的人，根本没资格在这个社会上承担起任何责任。于是，她痛下决心，就算洗马桶也要洗出最干净的马桶！终于有一天，她也可以当着别人的面，把自己洗过的马桶里的一杯水一滴不剩地喝完！

野田圣子正是凭着这种对工作的激情和敬业的态度，在她37岁的时候做了日本的邮政大臣。

为了找到你工作的激情，并使之伴随你工作的任何环节，你可以做些什么呢？你可以持久地保持这些吗？激情就是积极行动的力量，态度决定一切。

燃烧的激情可以实现你人生最大的梦想！不要给自己找一些冠冕堂皇的理由去拖延，你拖延得了一时，拖延不了一世。更何况，在你拖延的时间里，会有多少机会从你身边溜走，你将永远都无法估计！今天你利用拖延避免了危险和失败，但同时，你也失去了获得成功的机会。

史威兹的业余爱好是打猎和钓鱼。他一生中最大的快乐就

是带着钓鱼竿和来复枪进入森林宿营，几天之后再带着满身的疲惫和泥泞心满意足地回来。他唯一的困扰是，这项嗜好会花去太多的时间。

有一天，他再一次依依不舍地离开宿营的湖边，准备回到现实的保险业务工作中。这时他突然产生了一个想法，荒野之中，也许有人会买保险呢。如果真是这样，岂不是在外出狩猎时，也一样可以工作了吗？

他立刻做好计划，搭船前往阿拉斯加。他沿着铁路来回数次，“步行的曼利”成为那些与世隔绝的人们对他的昵称。他受到当地人热烈的欢迎，他不但是唯一和他们接触的保险业务员，更被看作是外面世界的象征。工作之余，他还免费教他们理发和烹饪，经常受邀成为座上宾，享受各种美味佳肴。

短短一年之内，史威兹的业绩突破了百万美元，同时还享受了登山、打猎和钓鱼的无限乐趣，把工作和生活做到了最完美的结合！

灵感往往转瞬即逝，它不会光顾懒惰的人。试想，如果史威兹在梦想产生时没有立即行动，而仅仅是想了一想，他还能获得如此的成功吗？

在毕业后充满工作的激情。而一个人只有满怀激情的工作，才能把工作做好，才能赢得事业的成功，未来的辉煌。

对于这一点，每一个西点学子都做到了，无论人们在学校的学习成绩如何，他们都能全力以赴，没有半点含糊。无论他们走出学校之后，从事了什么工作，他们都能满怀激情，对工作一丝不苟，以至于西点培育出了无数军界、政界、商界的精英。

由此可见，你要想获得成功，赢得这个世界的奖赏，你就必须用激情最大限度地开发自己的能力。你要知道，富有激情的工作，再卑微的工作都能变得伟大。正如马丁·路德·金所说："如果一个人的工作是扫马路，他应该要求自己把马路清扫的像米开朗琪罗画的画一样，像莎士比亚写的诗一样，像贝多芬作谱的曲一样。他如果把马路扫成这样，那宇宙中的所有人都会停下来称赞他：'这里生活着一个伟大的清洁工，他的工作做得真好'。"

可以说，年轻人的人生才刚刚开始，正是不断追求、不懈努力、超越自己的时候，只要你能点燃内心的动力，自然就会焕发无限的激情。即使你是最平凡的，但只要激情存在，你依然可以表现出非凡的执行力，打造出自己的精彩人生。

激情是工作的灵魂

激情是工作的灵魂，甚至就是生活本身。如果你认为仅仅是因为要生存才不得不从事工作，不得不完成工作，那么，你注定是要失败的。

当你以这种状态来工作时，你一定犯了某种错误，或者错误地选择了人生的奋斗目标，致使你在天性所不适合的职业中跋涉，浪费着精力。你需要某种内在力量的觉醒，应当被告知，这个世界需要你做最好的工作，我们应当根据自己的兴趣把各自的才智发挥出来，根据各人的能力，使它增至原来的10倍、20倍，甚至100倍。

发明家、艺术家、音乐家、诗人、作家、英雄、人类文明的先行者、大企业的创造者——这些在各自领域有所成就的人——无论他们来自什么种族、什么地区，无论在什么时代——他们都是充满激情、让心中永远洒满阳光的人。

如果你不能使自己的全部身心都投入到工作中去，你无论做什么工作，都可能沦为平庸之辈。做事马马虎虎的人，只有在平平淡淡中了却此生。如果是这样，你的人生结局将和千百万的平庸之辈一样。

没有什么时候像今天这样，给满腔激情的年轻人提供了如此多的机会！这是一个年轻人的时代，世界让年轻人成为真与美的阐释者。大自然的秘密，要由那些准备把生命奉献给工作、热情洋溢地生活的人来揭开。各种新兴的事物，等待着那些热忱而且有耐心的人去开发。人类活动的每一个领域，都在呼唤着满情激情的工作者。

一个没有工作激情的员工，不可能高质量地完成自己的工作，更别说创造业绩。只有那些对自己的愿望有真正热情的人，才有可能把自己的愿望变成美好的现实。

同样的工作怀着不同的心态度去做，得到的结果也会不同。满怀激情地投入工作会把不利的情况变成一片大好，而那

些怀着消极心态或没有热情地投入工作中的人，他们在很多时候可能会因此而变成不乐观的情况。

激情是战胜所有困难的强大力量，它使你保持清醒，使神经都处于兴奋状态，去进行你内心渴望的事；它不能容忍任何有碍于实现既定目标的干扰。

音乐家亨德尔年幼时，家人不准他去碰乐器，不让他去上学，哪怕是学习一个音符。但这一切又有什么用呢？他在半夜里悄悄地跑到秘密的阁楼里去弹钢琴。

莫扎特孩提时，成天要做苦工，到了晚上他就偷偷地去教堂聆听风琴演奏，将他全部身心都融化在音乐之中。

巴赫年幼时只能在月光下抄写、学习，连点一支蜡烛的要求也被蛮横地拒绝了。当那些手抄的资料被没收后，他依然没有灰心丧气。

你对自己所做的工作，要充分认识到它的价值和重要性，它对这个世界来说是不可缺少的。全身心地投入到你的工作中去吧，把它当做你特殊的使命，把这种信念深深根于你的头脑之中！

源源不断的激情会使你的永葆青春，让你的心中永远充满

阳光。

请用你的所有，换取工对工作的理解。请你的所有，换取对工作的满腔激情。

热忱，从本质上来说，是与生俱来的，它伴随着每一个生命的始终。我们肯定生命，哪怕是我们在人生最惨淡的时候，都要保持热忱的态度。我们要知道：凡是有生命的物体都在伸张自己的生命意志，生命哲学家尼采、柏格森等认为，生命的本质就是激昂向上、充满创造冲动的意志。因此，拥有生命的我们，一定要使生命充满活力和热情，要使工作充满热忱和快乐。

有人说过，热忱是可以感染他人的，只要你在工作中充满热忱，就能影响很多员工。也就是说，热忱是借分享来复制，而且不影响其原有的程度，它是一项分给别人之后反而会增加的资产。你给予大家的越多，你得到的也会越多。生命中最伟大的奖励并不是来自财富的积累，而是由热忱带来的精神上的满足。当你兴致勃勃地工作，并努力使自己的老板和客户满意时，你所获得的利益就会增加。

一个人如果在我们的言谈举止中都把热忱当作一种神奇的要素，那么，你就可以吸引你的老板、同事、客户和任何具有影响力的人，如果产生了这样的效果，你就会发现原来热忱已

经成为了助你在工作中走向成功的关键要素。

如果我们在工作中不能全身心地、满腔热情地投入，我们做什么事情都不能成功，就会沦为平庸之辈。如果我们在工作中没有热忱的态度，就不可能在人类历史上留下任何印迹，最后的结果就是做事马马虎虎，在碌碌无为中度过一生。

热忱无处不在，存在于生命的每一个角落。看看那些没有热情的军队，他们是打不了胜仗的；看看那些没有热忱的公务员，他们不可能处理随时发生的公共事务；看看那些没有热忱的商人，他们也不会到全世界各地去做生意。

热忱不仅影响着我们的工作，更严重地影响着我们的生存。我们在社会中生存，就必须要对自己、对家庭、对集体、对社会承担并履行一定的责任。热忱，使我们的生命更有活力；热忱，使我们的意志更坚强。不要畏惧热忱，如果有人愿意以半怜悯、半轻视的语调把你称为狂热分子，那么就让他这么说吧。源源不断的热忱，使你永葆青春，让你的心中永远充满阳光。让我们牢记话："用你的所有，换取你工作上的满腔热情。"

不要让激情远离你

我们很难想象一个没有激情的员工能始终如一地、尽职尽责地完成本职工作。以激情的态度对待工作，不仅可以提升你的工作业绩，还可以给你带来许多意想不到的成果。

有这样一家公司，在一年前，公司里的员工们脸上常常挂着一脸的疲劳，大部分都对自己的工作感到了厌倦，有一部分人已经开始写辞职报告准备走人了。这家公司的业绩也非常糟糕。可一年后，这家公司就变了一个样，公司里的员工都充满了激情，公司的业绩也相当出色。这是什么原因呢？

一年前，正当公司的大部分员工要辞职的时候，公司里来

了一位叫里杰的主管，年龄不大，才25岁。里杰来到公司后，他改变了这里的一切，他对待工作充满了激情，这种精神状态燃起了其他员工胸中的激情火焰。

每天里杰都是第一个到公司的，遇到每一个员工，他都微笑着打招呼。工作时，他容光焕发，就像生活又焕然一新。中午休息时，他会给员工讲一些有趣的小故事，他还给员工们买来了一套音箱，在饭后放一些火爆的音乐给员工听，看到员工疲劳的时候他又会放一些放松心情的音乐给大家。在工作的过程中，他调动自己身上的潜力，开发新的工作方法。在他的影响下，那些将要离开的员工也留了下来，并且学里杰一样，早来晚归，斗志昂扬，纵然有时候腹中饥饿，也舍不得离开自己的工作岗位。每到周六、周日，大部分员工都会来到公司，他们上午加班工作，到了下午就在公司里搞活动。

就这样一年之间，这家公司已经是一个充满了活力，业绩不断上升的优秀公司了，在那里的每一个员工对待自己的工作都充满了激情和骄傲，里杰也坐上了公司副总的位子。

爱默生说："一个人，当他全身心地投入到工作中，并取得成绩时，他将是快乐而放松的。但是，如果情况相反的话，

他的生活则平凡无奇，且有可能不得安宁。”

没有激情的生活，就没有完全体验生活的喜怒哀乐、悲欢离合。没有激情的生活，你会觉得暗淡无光，只有饱含激情的生活才会使你体会到生活的快乐，感觉到心智发挥到极致。如果你将激情一天又一天地注入到你的生活和事业中，想象一下，你的生活将变得多么丰富多彩。

伊尔说：“离开了激情是无法做出伟大的创造的。这也正是一切伟大事物所激励人心的地方。离开了激情，任何人都算不了什么；而有了激情，任何人都不可以小觑。”我们每个人身体内部都有力量之源。我们可以用它来完成我们所期望的一切。医学证明，我们身体的每个细胞和器官都充满了生命力，其中激情自然也是这个生命力的一部分。我们应将这份激情全身心地投入到工作中去，把它当作一种使命来完成它，以此发挥它最大的力量。

保持激情，会使你青春永驻，让你的心中永远充满阳光，更会让你保持对生命以及工作的乐趣。拿破仑·希尔说：“若你能保持一颗激情的心，那是会给你带来奇迹的。”

每个人都应该充满激情地工作。生活当中，不论是作家、教师、工程师、工人、服务员、老板，只要是自己的职业就应

该热爱它，用充满激情的行动去珍惜它，只有如此，才能成就事业。

激情是走向成功的助推器

西点军人认为，一个学员是否热爱他的职业，从他的日常的行为表现就能看出来。一个始终激情洋溢、干劲十足的学员，一定可以成为一名合格的军人。巴顿将军身上就有一种火一般的激情燃烧着。

巴顿从小就有发音和拼写方面的缺陷。虽然在父母的帮助和支持下，这种情况有所好转，但还是影响了他日后在西点的学习生活。

1904年6月，不满19岁的巴顿在父亲的陪同下来到西点军校报到，开始了新的生活。

在最初的日子里，巴顿对这里的一切都感到新奇：餐厅里的桌布几乎每天一换，到处窗明几净，一尘不染，大家都循规蹈矩，一切都是严格的军事化。但是不久他就觉察到这里并没有他所欣赏的那种南方绅士气派，许多学员的出身并不高贵，充其量属于“中产阶级家庭”，没有超凡脱俗的“远大志向”。巴顿认为：“我不同，我属于一个可能快要灭亡或者从来就没有存在过的阶级，与那些懒散、声称爱国而又爱好和平的军人之间差距甚大，如同天堂与地狱之别。”从刚入学起，巴顿就决心以不同凡响的面貌出现，为成为一名震撼世界的军人而奋斗。

入校后巴顿为自己确定的初期目标是：在学年末能当上一名下士学员。但是不久他就遇到了困难，特别是文化课一直跟不上趟。这显然与小时候患的“阅读失常症”有关。他付出了巨大的努力，但成绩仍然不理想。为此，他十分嫉妒那些轻轻松松就能得高分的同学。由于成绩不佳，巴顿一度丧失了自信心，感到自己浪费了生命，称自己是“一个平凡、懒惰、愚笨而又雄心勃勃的幻想家”。

在这一时刻给予巴顿勇气和力量的还是他的父母和亲人，他们理解儿子的苦衷，也了解他的性格，知道他尽了全力。父亲经常来信鼓励他。他告诉儿子，一个人只要尽了最大努力，不管结果如何，都算是赢家，是强者。安妮姑姑一年的大部分时间都住在西点，随时给他以关心、帮助和支持。母亲和尼塔也经常来看望他。她们要让他知道，不管校方如何评估他的表现，而他绝不会失去亲人的爱。

巴顿在第一学年十分重视队列训练。他认为队列训练最能体现军人的气质，培养军人良好的军姿和顽强的意志。而且，队列成绩好坏直接与学员的军衔有关。据他的同学戈塞尔斯回忆说：

队列训练每星期六进行一次，可巴顿常常在星期天下午就苦练下一课。等下个星期六时，他的动作已完美无缺了。我曾对巴顿说："乔治，队列训练在毕业成绩中只记15分，而数学却有200分。你的数学已经很差了。如果你把用于准备队列训练的时间拿出80%来攻一攻数学，你不但仍可通过队列的考试，而且数学成绩也会跟上去。"但巴顿不为所动，

依然如故。

结果，第一学年结束时，巴顿虽然队列成绩名列第二，但数学为全班倒数第一，法语成绩也很不理想。校方虽然对他的顽强意志和刻苦精神给予肯定，承认他军姿优美、勇敢刚毅，但还是决定让他留级。

这是巴顿平生遇到的第一个大挫折，他马上把这个坏消息告诉了父母。父亲当即回电表示："没什么，我的孩子，愿上帝保佑你。"父母不但没有责备他，反而安慰和鼓励他，这帮助他解除了留级的犯罪感，并激励他加倍地努力。

对一个男子汉来说，连续三年在军校一年级（包括弗吉尼亚军事学院的一年）徘徊，的确非同寻常。要不是抱着要成为一个伟大军人的坚定信念，要不是亲人的鼓励和支持，巴顿早就打退堂鼓了。相反，留级的打击非但没有使巴顿退却，反而刺激了他争强好胜的欲望。

在圣卡特林纳岛休暑假期间，他把时间全部花在温习功课上，并请了一位家庭教师为他辅导。

在家庭教师的辅导下，巴顿充分利用时间系统地掌握

了全部功课。新的学期开始了，在巴顿身上，学员们没有找到预想中的无精打采、垂头丧气的模样，他们看到的依然是有着火一般激情和激情的巴顿。巴顿为自己设定了三个奋斗目标：在田径运动项目上打破纪录，队例训练中压冠，担任副官。在巴顿的努力下，他的奋斗目标依次实现：队列训练名列前茅；几次刷新运动项目纪录；四年级时被任命为副官……四年后，巴顿从西点军校光荣毕业。

西点1856届毕业生莱顿上将说："西点学员都把真诚、乐观的精神和不屈不挠的毅力视为走向成功的磁石。因此，他们无论将业从事何种职业，都会倾注全部的激情去努力。"而巴顿用生命践行了西点人的这条行为准则。从西点光荣毕业后，巴顿投身于战场，即使在艰苦的条件、险恶的环境都没有影响到巴顿打击敌人、为国效忠的激情，他的英勇壮举为他赢来了无数功勋，也为国家赢来了至高荣耀。

"要想获得这个世界上的最大奖赏，你必须拥有过去最伟大的开拓者所拥有的将梦想转化为现实的献身激情，以此来发展和展示自己的才能。"西点军校的戴维·格立森将军说。

在我们的工作中，我们的辉煌业绩也少不了激情。例如，

同样一件工作，在积极优秀者和在消极者看来，会成为不一样的事情。积极优秀者看见机会，消极者却看见障碍。全力以赴的积极优秀者能看见事情的积极面及其可为之处；不投入的人却只看见难以克服的困阻，很快就气馁、灰心。这完全是因为他们投入的心态不同。

很多工作就是这样，你愈满怀着激情，愈投入，工作就愈显得容易完成；而当你以相反的态度去面对时，它就会愈加显得艰难。其实，每个人在工作中都会碰到困难，无论是拥有激情的人，还是没有激情的人，可这些困难就像田径赛场上的栅栏，它们的命运只是被人征服，至于最终征服它们的人是谁，就看谁拥有足够的激情，迈开双腿，从上面跨过去。外来的干扰会被视为学习的机会，并能激励人继续进步。投入愈强烈，工作变得愈可行，信心就会跟着大增。

反之，投入意愿很低的时候，任何事都会对你产生威胁。事事让你感到棘手、头痛，精力与激情也跟着低落，结果就像必须用双手推动一堵顽强牢固的墙，费好大的劲儿才能完成某件事情。

这就是说，激情是我们走向成功的助推器，如果我们对任何事情都充满激情，我们就不会推卸责任、随意指责他人。

这时候，要想避免发生自我毁灭的行为，我们必须立刻调整方向，控制自己的负面情绪，同时想办法增添自己的活力，转变工作态度，并努力地付诸行动，将自己的生活从泥沼中拔出来，因为“湿火柴是点不着火的”。

我们应该每天问问自己：“我有多高的易燃指数？我的内心是否有激情在燃烧？自己是否具备炙热的发光、发热的火焰？我是否热爱现在的工作？我每天的工作是否开心快乐？”

点燃内心深处激情的火苗，自己对于工作的热忱要靠自己发掘，不要抱着不切实际的想法，以为别人会负责为你加油、打气，或是给你更刺激、更具挑战性的工作。

我曾经问那些求职者：“你为什么选择我们公司？”

其中，多数人的回答是：“我想，贵公司提供的条件可能会适合我的工作。”

听到这种回答，我无比惊讶。

于是，我对他们说：“对不起，我们没有那样的工作，只有许多热爱自己工作的人。”

作为职场中的我们来说，一个激情的人，无论做什么工作，都会认为自己的工作是一项神圣的天职，并怀着深切的兴趣。对自己的工作激情的人，不论工作有多少困难，始终会用

不急不躁的态度去进行。爱默生说："有史以来，没有任何一件伟大的事业不是因为激情而成功的。"

不断释放自己的激情

当你对自己的事业有了信心，就会有用之不竭的激情。激情是所有事业的助推器，没有激情，任何行为都不可能持续长久，激情能把人身上的全部潜能都激发出来，转化为现实的力量。

几年前，美国著名心理学博士艾尔森在对世界100名各领域中的杰出人士，做了一项问卷调查。结果让他十分吃惊，其中61%的成功人士承认，他们所从事的职业并非他们内心最喜欢做的，至少不是他们心目中最理想的。

一个人竟然能够在自己不大理想的领域里，取得那样辉煌的业绩，除了聪颖和勤奋，所依靠的还有什么呢？

带着这样的疑问，艾尔森博士又亲自走访了多位商界英才。其中，在纽约证券公司工作的金领丽人苏珊极具代表性的经历，给了他一个满意的答案。

苏珊出身于中国台北的一个音乐世家，她从小就受到了很好的音乐启蒙，她也非常喜欢音乐，期望自己能够一生驰骋在音乐的广阔天地中，但她阴差阳错地考进了大学的工商管理系。一向认真的她，尽管不喜欢这一专业，但她学得很认真，每学期各科成绩均是优异。毕业时被保送到美国麻省理工学院，攻读当时许多学生可望而不可即的MBA，后来成绩突出的她，又拿到经济管理专业的博士学位。

如今已是美国证券业界风云人物的她，依然心存遗憾地说："老实说，至今为止，我仍说不上喜欢自己所从事的工作。如果能够让我重新选择，我还会毫不犹豫地选择音乐，但我知道那只能是一个美好的'假如'了，我只能把手头的工作做好……"

艾尔森博士问她："你不喜欢你的专业，为何你学得那么棒？不喜欢眼下的工作，为何你又做得那么优秀？"

"因为我在那个位置上，那里有我应尽的职责，我必须认

真对待。”苏珊的眼里闪着坚定，“不管喜欢不喜欢，那都是自己必须面对的，都没有理由草草应付，都必须尽心尽力，那是对工作负责，也是对自己负责。”

苏珊的话很耐人寻味，“因为我在那个位置上”，凝聚了她对自己所从事的工作的敬重，凝聚了她不甘平庸的理念，正是她的这种“在其位，谋其事，成其事”的敬业精神，让她赢得了令人瞩目的成功。很多人常常无法改变自己的工作和生活中的位置，但完全可以改变其对所处的位置的态度和方式，自然，也会因此找到许多的乐趣，因此拥有一个骄傲的人生。

如果当时你选择了这份职业，那就请坚持下去。你要通过比别人投入更多的智慧、激情、责任心等来充实自己的敬业精神。不管喜欢不喜欢，那都是自己必须面对的，都没有理由草草应付，都必须尽心尽力，那既是对工作的忠诚，也是对自己的忠实。

你要经常问自己，你热爱目前的工作吗？你在周一早上是否和周五早上一样精神振奋？你和同事、朋友之间相处融洽吗？他们是你一起工作、一起游乐的伙伴吗？你对收入满意吗？你敬佩上司和理解公司的企业文化吗？你每晚是否带着满足的成就感下班回家，又同时热切准备迎接新的一天、新的挑

战、新的刺激以及各种不同的新事物？你是否对公司的产品和服务引以为豪？你觉得工作稳定、受器重又有升迁的机会吗？你个人的生活如何，圆满吗？只要你对以上任何一个问题，回答中有一个“是”字，我就要告诉你：“你‘可以’热爱你的工作。”（就像当年我送给那些前来求助的朋友的建议一样）这是第一步。你可以把日子过得新奇而惬意，因为生活充满各种机会和选择。但是，你绝对没有时间尝试所有新鲜刺激的事。因此要满足你的愿望，我们得先从“你”开始。你一定要先了解自己的特点、长处，以及有哪些事是你能轻松自如就做得利落漂亮的。但记住，你不必为了做到这一点再回到学校去，或者生活上作剧烈的变动，如辞职甚至卷铺盖走人。符合内心需求的工作就是最合适的工作。需求是一种力量、一种渴望、一种激情。

因为缺乏热忱，不但工作做不好，甚至还因此付出惨痛的代价。其实，许多人在工作上之所以不太顺利甚至失败，主要是没有将自己的热忱释放出来。

就算工作不尽如人意，你也不要愁眉不展、无所事事，要学会掌控自己的情绪，激发自己的热忱，让一切都变得积极起来。现在开始发掘你的激情吧！其实这并不是一件很难做的

事，关键是你要行动。

既然要在工作中倾注热忱，使工作成为有趣的事情，就要从小事开始做起。凡事比别人先行一步，彻底改掉总跟在别人后面、做事总比别人慢一拍的坏习惯。

积极主动地做事，以积极的态度全面想想自己工作的好处，坚信自己从事的事业，发掘那些积极的方面，就会促使自己行动起来。这有助于点燃你内心的热忱之火，热忱的火焰一旦点燃，你下一步该做的就是不断加柴，保持火苗越来越大。

尽自己所能“每天多做一点儿”，这样的工作态度将使你具有一些优势。“每天多做一点”，工作可能就大不一样。尽职尽责完成自己的工作的人，最多只能算是称职的员工，如果在自己的工作中“每天多做一点儿”，你就可能成为优秀的员工。

有一家公司的秘书，她的工作就是整理、撰写、打印一些材料。很多人都认为她的工作单调而乏味，但这位秘书不觉得，觉得自己的工作很好，并认为检验工作的唯一标准就是你做得好不好。

这位秘书整天做着这些工作，做久了，她发现公司的文件中存在着很多问题，甚至公司的一些经营运作方面也存在着问题。于是，秘书除了每天必做的工作之外，她还细心地搜集一些

资料，甚至是过期的资料。她把这些资料整理分类，然后进行分析，写出建议。为此，她还查询了很多有关经营方面的书籍。

最后，这位秘书把打印好的分析结果和有关证明资料一并交给了老板。老板起初并没有在意，一次偶然的机会，老板读到了秘书的这份建议。这让老板非常吃惊，这个年轻的秘书竟然有这样缜密的心思，而且她的分析井井有条，细致入微。

后来，老板采纳了很多条这位秘书的建议。老板很欣慰，他觉得有这样的员工是他的骄傲。当然，秘书也被老板委以重任。这位秘书觉得没必要这样，因为她觉得她只比正常的工作多做了一点儿，但是老板却觉得她为公司做了很多。秘书只是多做了一点儿的努力，这一点儿，可并不是每个人都能做到的。

每一个员工都希望把自己的工作做好，都希望通过自己的努力来增加收入，提升职务，获得认可。如果你在工作之初就下定决心，一定要出色地完成每一项工作，绝不半途而废，有了这种激情，我们的内心深处会时刻提醒自己“这是由我完成的一项工作，我要追求尽善尽美”“努力在各方面以主动、积极激情的态度来做自已的工作，即便是最平凡的工作也能带给我成就感并增加我的荣誉和物资财富”，于是便会全力以赴，不敷衍了

事，虽然现在薪水微薄，未来也一定会有所收获。所以，无论从事何种工作，一定要全力以赴，保持良好的精神面貌。

如果你只把工作当作一件差事，那么你就很难倾注你的热忱。而如果你把你的工作当作一项事业来看待，情况就会完全不同。

我常钦佩那些热心布道、传福音的牧师。每当黎明来临时，他们就准备好了，去从事自己最热爱的工作。他们把布道看作是自己的职责，是上帝赋予自己的责任，并从中得到满足与快乐。正是这种富有诗意的心态、愉快乐观的精神、饱满的生活热忱，使得牧师们把传教的日常工作，看成是充满激情与成就感的事业，并身体力行，受到了当地人们的尊敬欢迎。

第四章

让工作成为兴趣

不要成为效率低下的工作狂

西点军校1956届毕业生莱顿上将说："西点学员都把真挚、乐观的精神和不屈不挠的毅力当作走向成功的磁石。因此，无论将来他们所从事的是什么职业，都会用全部的热忱去努力。"

在公司中也是如此，员工的抱怨其实只是他借口逃避责任的理由，这不仅说明他对自己不负责任，更说明他是一个对社会也不负责任的员工。因为只有对自己能够负起责任来的人，才能够对社会负责任。

亨利·福特说："满足生存需要不应该成为工作的唯一目

的，工作更应该成为实现人生价值的途径。”

工作狂是幸福的。工作着，说明找到了自己的领域，疯狂，表示投入了很大的精力，所以就提高了业务水平，增加了升职的砝码。甚至很多人和朋友聊天时也是三句话不离本行，醉心于工作的点点滴滴。做个工作狂值不值？这就需要细化。有人总在收拾同事的烂摊子，或者不停地重复工作，整日疲惫，丧失刚入行的激情，最后靠辞职来调整，我看就不值，这种人只能称作“过度工作者”，纯粹是工作量过多的问题，而不是“工作狂”。

我们一般说这个人是个工作狂，大多是他主动要成为一个工作狂，懂得工作并快乐着，时不时忙里偷闲一番，工作不但不会摧垮身心，反而会成为快乐生活的滋补品。例如我身边一个摄影师，每天除去拍广告，还能总去酒吧、音乐节等拍些根本不赚钱的照片，并把这些得意的作品挂在家里显摆，实在可贵。还有一个设计师，给我们小区的很多业主设计了许多个性化的门牌号码，这和那些工作之外敌视电脑，回家面无表情，或看电视或昏昏欲睡的人形成强烈对比。工作中饱含激情的状态固然提倡，但我更关心他工作之外干些什么。挑个除了工作以外最爱做的事，花点时间和朋友相处，你其实可以做个快乐

的工作狂。

其实我们的社会还是很需要工作狂的，但我们也要看清，太多的人用全部的努力，不过换来了普通的生活。如果就像两个人爬山，一个人永远向往远处的风景，一个人却始终留意欣赏路边的风景，谁更辛苦呢？

一位游客看见一个渔夫在海边躺着晒太阳，便问他为什么不出海捕鱼。渔夫反问为什么要出海捕鱼，游客说可以卖鱼赚钱，渔夫追问赚钱来干什么，游客说可以买更大的渔网更好的渔船。渔夫问买来干什么，游客说可以捕更多的鱼卖更多的钱。渔夫问要更多的钱干什么，游客说那样就可以不干活儿了。渔夫问不干活儿了干什么，游客说就可以永远在海边晒太阳了。

谈话绕到这里，渔夫最经典的一句话就出来了："我现在不是在晒太阳吗？"

游客的态度代表了工作狂的价值观，渔夫则是懒散一族的最佳代言人。

在这个崇尚享乐主义，追求轻松生活的浮躁时代里，劝说人们去做工作狂，似乎已经变得不合时宜了。称赞别人"你很

懂得享受”比说“你工作很拼命”更能让对方听了心花怒放。

“工作狂”之所以被认为是一种不健康的生活方式，是因为他们吃饭没准点，睡觉没规律。但现在的心理学专家却提出了不同的见解：“对工作不满的情绪甚至比没有规律的起居作息更有损健康，而对工作的满足感则对健康有利。”

一个人的工作态度折射着人生态度，而人生态度决定着一个人一生的成就。你的工作就是你生命的投影。它的美与丑、可爱与可憎，全操纵于你之手。

你可能很不喜欢你眼下的工作，你从工作中得不到丝毫的乐趣，毫无创造性可言。

“简直烦透了！”你觉得百无聊赖。

但你要记住，这并不是老板或单位领导的错。

老板没有逼着你来他的公司上班，领导也没有强迫你在他的手下吃饭。当初，是你主动应聘到了这家公司；或者，是你托了关系好不容易才挤进了这个单位。你的历史，是你自己写成的。

老板待你很刻薄，领导根本就没把你当人才看。那么，你就炒他们的鱿鱼好啦！如果你不想炒他们的鱿鱼，就说明他们可能还没你说得那么可怕，那么，需要改变的是你自己。具体

的做法就是调整好自己的心态，爱你眼前的工作！

我们应该站在老板或领导的角度换位思考一下，你在挣人家的钱、拿人家的薪水就得给人家一个交代。这是做人最起码的职业道德、职业素养，也是良心与道德的问题。如果你的员工偷懒懈怠，你作何感想？再从自己的角度想一想，如果你想做一番事业，那就应该把眼前的工作当做自己的事业，应该有一种非做不可的使命感。

所以，拥有一份工作，就要懂得感恩，并且带着自己极大的热情去好好工作。如果当你以一种感恩图报的心情工作时，你就会工作得更愉快、更出色，这种心态同样可以改变你的一生。

让工作成为兴趣

毕业于西点军校的霍姆斯在被问及对工作的兴趣时这样说：“我现在之所以能够享受工作，主要得益于我在西点军校学到的——要对所从事的职业充满信心和兴趣。”

关于工作，《世界上最伟大的推销员》的作者曼狄诺曾经说过：“很少有人意识到，他们的幸福正是建立在工作的基础之上。人生成功的主要道理之一是，每天保持对工作的兴趣，能够有持久的热忱，并能将每一天看得同样重要。”

一位已经成为亿万富豪的企业家抛弃了自己的几亿资产突然引退，在社会上炒得沸沸扬扬。企业家坦然地说是要追求普

通人的生活，厌倦了这个高压力、高强度、高责任的职位。其实这里也反映了他个人的兴趣已经转移，不再把经营企业作为自己的兴趣，而是喜欢一种平淡质朴的普通生活。当一个人对工作失去了兴趣的时候，纵使坐拥亿万资产，纵使端坐高高的官位也是无法让他体验工作的快乐的。就像上面说过的法院书记和富豪企业家。

作家威廉·菲勃斯说："成为成功者的主要条件是，每天都对自己的工作感到新奇。"不可能每个人都在干着自己感兴趣的事情。可是一些人在上司让自己干一些不感兴趣的事情时，就总是找出理由进行拖延，这会极大地影响自己在公司和同事中的地位和形象。俗话说"干一行爱一行"，我们应该慢慢地培养自己对工作的兴趣。

打字员汤姆逊发现，假装对自己的工作有兴趣会使自己的工作不再枯燥，而且能够使人得到很多的收获。最初她十分讨厌自己的工作，可是为了谋生只好先坚持下来。一天，上司要求她把一份市场策划案重新设计一下版式，这让她非常生气。但上司却警告她如果她不做，他就会去找别人代替她去做。她突然意识到自己的职位虽然薪水较低，但是

还是可以维持生活，会有许多没有工作的人在等待着自己的职位。这样一想，汤姆逊的心里就少了一些怨言。接着她发现，倘若自己假装喜欢现在的工作，那么自己就像真的喜欢工作一样，工作效率也就非常高。自此以后汤姆逊总是能够及时地完成任务，而且很少加班。这种新的工作态度，使汤姆逊成为文印部最优秀的职员，很快被提拔为文印部主管。后来上司推荐汤姆逊担任了总经理办公室主任。因为他认为汤姆逊能够出色地完成一些额外的工作而没有任何抱怨。

汤姆逊在无意中运用了心理学家汉斯·威辛吉的“假装”哲学。“假装”哲学告诉人们，只要我们假装快乐，假装喜欢现在正在做的事，假装喜欢现在的工作，这一点点的假装会使你的兴趣慢慢变成真的，可以减少疲劳、忧虑、烦闷。

一般人认为出租车司机的生活是枯燥无味的，特别是被堵在路上的时候。然而上海大众出租车公司的司机臧勤却是一个快乐车夫，因为他能够为自己的工作注入兴趣。他说：“要懂得体味工作带给你的美。堵在人民广场的时候，很多司机抱怨，又堵车了！真是倒霉。千万不要这样，用心体会一下这个城市的美，外面有很多漂亮的女孩子经过。开车去机场，看着

两边的绿色，冬天是白色的，多美啊。再看看计费器，100多元了，那就更美了！每一样工作都有她美丽的地方，我们要懂得从工作中体会这种美丽。”臧勤的这个态度也许对于我们激发自己的工作热情、培养自己的工作兴趣大有启发。

其实工作快乐的关键不在于找到适合自己的工作，而是如何发挥自己的长处，把任何一份工作转化成非常适合自己的工作。在我们的工作遇到了一些困难时，我们可以采取一些自我激励的方法，来培养自己对工作的兴趣。例如，当你不愿意做某项工作的时候，不妨对自己说：“我只需要15分钟就做好了。如果我再认真一些有可能只用14分钟。为什么不快一些做好工作，不让它再来烦我呢？”

美国汽车大王亨利·福特从小就对车子有一股莫名的热爱，早在人们还把车子当成一种奢侈品认为是有钱有闲后才能享受到的“玩物”时，福特就已经洞察先机，比别人早一步发现车子的便利性，并觉得车子成为日常生活的必需品是时势所趋。

因此，他全力以赴，率先制造两款新型的赛车，并且以流线形的外形击败了所有的对手，赢得高额奖金，随后一手

创办了“福特汽车公司”。福特积极地开发市场，生产最耐用的小汽车，以低廉的售价吸引了许多小家庭与年轻族群。他打破传统，致力于增强车子的实用性，而且不讲求排场，所以一举在市场上闯出响亮的名号。

福特并不以此为满足，他乘胜追击，不断地研发、改进自己的生产线，并扩大生产规模，到了20世纪30年代初期，便已赚进亿万美元了。

我曾经听到一位从事校对工作20年的老编辑说：“不可否认，校对工作十分单调，必须具有耐心才能胜任。起初我也感到百无聊赖，根本提不起劲，直到我发现错字时，才改变了工作态度。”

原来，他鼓励自己从订正错误中寻找乐趣，文章的错字愈少，愈能激起他的兴趣。最后，连一般人最容易疏忽的错字、别字他也能发现。实际上，这位编辑就是在单调的工作中发现了自己所喜爱的方面，从中获得快乐，增强了注意力。

我见过一些人，在工作时身心舒畅，而在丧失或放弃工作后，他们的心灵就会萎缩，甚至连精神状态也变了，曾经一度兴奋的眼神也变得暗淡无光。

诚然，有些人在做着不适于他们的工作，由于他们不喜欢所做的工作而使工作变成一种苦役，工作中的喜悦他们不能感受得到。

假如你不幸陷入了这种苦境，你就必须设法补救。因为如果你对自己的工作感到枯燥无味，你就很难享受到积极人生的乐趣了。

心理学家曾经做过这样一个实验。他把18名学生分成两个小组，每组9人，让一组的学生从事他们感兴趣的工作，另一组的学生从事他们不感兴趣的工作，没有多长时间，从事自己所不感兴趣的那组学生就开始出现小动作，再一会就抱怨头痛、背痛，而另一组的学生正干得起劲呢！以上经验告诉人们，人们疲倦往往不是工作本身造成的，而是因为工作的乏味、焦虑和挫折所引起的，它消磨了人对工作的活力与干劲。

“我怎么样才能在工作中获得乐趣呢？”一位企业家说，“我在一笔生意中刚刚亏损了15万元，我已经完蛋了，再没脸见人了。”

很多人就常常这样把自己的想法加入既成的事实。实际上，亏损了15万元是事实，但说自己完蛋了没脸见人，那只是自己的想法。一位英国人说过这样一句名言：“人之所以不

安，不是因为发生的事情，而是因为他们对发生的事情产生的想法。”也就是说，兴趣的获得也就是个人的心理体验，而不是发生的事情本身。

无所事事的人生将是悲哀的人生，在公司中，要想成为一个优秀的员工，你必须把工作当成一件快乐的事，并且，还应该乐此不疲地把这份愉悦传递给别人，使其他员工愿意与你交往和合作。这样，你的人生也将因为你所从事热爱的工作而得到升华。

让我们把工作当成人生最有意义的事吧！把与同事共处看成是一种缘分，把与顾客、合作伙伴会面当成乐趣吧！

喜剧大师向心理医生诉苦，说他不快乐。心理医生建议他去看喜剧大师的表演，他会让你快乐。喜剧大师说，我就是喜剧大师，我送给别人快乐，但那是我的工作，快乐是他们的，不是我的。这件事让心理医生伤透了脑筋，于是他开始忧郁。心理医生去向喜剧大师诉苦，说我也不快乐了。喜剧大师说，你治好了许多人的忧郁症，让我们重新感受到了欢乐，你为什么不快乐了呢？心理医生说，可那只是我的工作，快乐是他们的，我并不快乐。

不能够为工作注入兴趣的人是无法体验到工作的快乐的。

就像故事中的心理医生和喜剧大师。我们不可能每个人都找到适合自己兴趣的工作，但是我们可以培养自己对工作的兴趣，为自己的工作注入兴趣。当我们不再是为了赚取温饱而工作的时候，而是为了自己的兴趣而工作的时候，我们就可以体会到工作的快乐。当我们能够从工作中获得兴趣和快乐的时候，这样活着才不会失去生命的意义。

工作毕竟是辛苦的，当我们只是为工作而工作时，我们就无法从工作中找到兴趣，只会愈做愈累，以至于生不如死。某地方法院的一位书记突然留下一封遗书，遗书中写到，因为工作让他没有成就感，所以他觉得生命没有意义，然后离开不知去向。四天之后，警方在河床上找到他的尸体。

许多事情是可以改变的，包括自己的兴趣。采用上述的承诺法，会使你发现自己可以通过改进工作方法来提高效率，而这则会让你体会到成功的快乐。快些培养自己对工作的兴趣吧，一旦我们能将工作与兴趣融为一体，就会真正获得工作中的快感。

当我们在做自己喜欢的事情时，很少感到疲倦，很多人都有这种感觉。比如在一个假日里你到湖边去钓鱼，整整在湖边坐了10个小时，可你一点儿都不觉得累，为什么？因为钓鱼是

你的兴趣所在，从钓鱼中你享受到了快乐。产生疲倦的主要原因，是对生活厌倦，是对某项工作特别厌烦。这种心理上的疲倦感往往比肉体上的体力消耗更让人难以支撑。

事实上，生活中的很多时候，我们都能寻找到乐趣，正如阿伯拉罕·林肯所说的："只要心里想快乐，绝大部分人都能如愿以偿。"

被称为"美国空军之父"的亨利·哈里·阿诺德，他一生的荣耀离不开飞行带来的运气，他一生荣耀的起点，也始于对飞行行业的喜爱。

1886年6月25日，阿诺德出生在美国宾夕法尼亚州的格拉德怀尼。父亲是个医生，希望儿子继承父业或献身宗教，但阿诺德另有志向。1903年，他经过认真思考和选择，考入有着"将军的摇篮"之称的西点军校。1907年毕业，分配到步兵部队，并远涉重洋到菲律宾任职。

20世纪初，美国的莱特兄弟发明飞机并试飞成功。对飞机非常感兴趣的阿诺德于1911年自愿报名去俄亥俄州的代顿，向莱特兄弟学习飞行。积累3小时48分钟的飞行经验后，阿诺德成为美国陆军的首批飞行员之一，第二年就创造出飞

行高度6540英尺的世界纪录，因此获得一枚胜利勋章。此后因飞行事故而停飞四年，再次赴驻菲律宾步兵部队服役。这对阿诺德无疑是个沉重打击。然而，阿诺德在菲律宾得以与乔治·马歇尔共事，此人对他以后的前途大有影响。1916年，阿诺德回国后再次转入飞行部队并晋升为上尉。

战争期间，美国对组建独立的空军部队产生了很大的争议，不管反对派让支持建立独立空军部队的少校阿诺德承受多么大的白眼和讽刺，对飞行的热情和对行业前景的预测始终支撑了的信念。

1925–1926年，在陆军工业学院学习的阿诺德是米切尔思想的坚决支持者，后因在米切尔审判事件中出庭做证支持米切尔而被流放在堪萨斯的赖利堡。但是，阿诺德仍然坚定地为组建独立的空军而努力奋斗。他潜心钻研航空技术和航空兵战术，埋头于理论著述。其主要著作有《飞行故事》《飞行员与飞机》《空战》和《陆军飞行员》等。

最后事实证明了阿诺德的断言——未来战争的命运将由天空来决定！太平洋战争爆发后，阿诺德的空军部队一下子

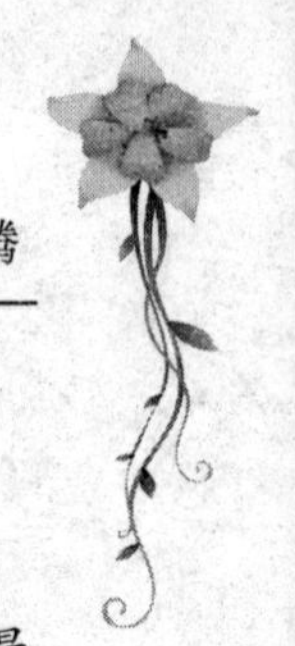

成了战场上的利刃，空军战术“战略轰炸”让美国赢得了最终的胜利。1947年，美国国会正式批准了组建独立的美国空军，而阿诺德也因此获得了美国历史上第一个空军五星上将的军衔。

从阿诺德的成功可以看出，兴趣除了能让一个人学会尽职尽责，还能让他在岗位上发挥出巨大的潜能。

对于职场人士来说，我们更要认识到人生最大的价值，就是对工作有兴趣。爱迪生说：“在我的一生中，从未感觉是在工作，一切都是对我的安慰……”然而，在职场中，对自己所从事的事业充满热情的人并不是太多，他们不是把工作当作乐趣，而是视工作为苦役。早上一醒来，头脑里想的第一件事就是：痛苦的一天又开始了……磨磨蹭蹭到公司以后，无精打采地开始一天的工作，好不容易熬到下班，立刻就高兴起来，和朋友花天酒地之时总不忘诉说自己的工作有多乏味，有多无聊。如此周而复始，长此以往，损失最大的还是自己。

调整工作情绪

在西点学员看来，活着就是为了使自己更健康、更快乐！如果你确信自己是情绪的发动者，那么为什么不始终让自己在工作中觉得高兴、保持好心情呢？这样不但可以使自己享受到工作的乐趣，还非常有益身心健康了。

西点教官强调拥有好情绪，就是胜利的保证，乐观的态度能指引我们更上一层楼。谁都希望自己多一些快乐，少一些烦恼。所以怎样去感觉生活是一种习惯，挑剔和抱怨不是我们面对生活的态度。倘若你能主动调整好自己的情绪，形成一个磁力中心，好事就容易发生在你身上。相反，坏事就随之而至。

“只要给我一个支点和一根足够长的杠杆，我就可以撬动地球！”这是古希腊的先哲阿基米德宣布的，宣言中蕴含着炽

热的勇气、战胜自然的强烈愿望、重塑自我的乐观情绪和超越自我的追求，这是多么值得我们叹服和惊讶啊！

几千年来，人类正是凭着这种强烈的追求，这种坚定的信念，这种高昂的情绪，打破了与生俱来的限制，战胜了自身的不足和弱点，取得了一次又一次跨越！苍茫的江海，人类何以能游？凭着舟楫，人们便能远涉重洋。邈远的太空，人类如何可及？凭借于飞船和火箭，人类便可以摘星揽月。人类的文明史，就是一部人类不断超越自我、主宰命运的历史。他一直再向全世界证明，人类在自然面前，并非无能无力，我们正在慢慢强大，即使在自然面前我们是渺小的，但是我们的潜力是无限的。

阿基米德在宣言中所表露出的那种无所畏惧、勇敢超越的精神，正是情绪对智慧的促进，是情绪对人的能力的制动。

情绪的主宰力量在人类的身上，一代一代地遗传和强化，并且作用于现实生活，反映在人的一生之中。如果你想改变你平凡的人生，你想获得成功，成为命运的赢家，那么，你需要矢志不渝地用心去做。

那些负面情绪之所以会让你觉得不舒服或痛苦，是因为它带给你这个信息：你现在所做的这一套不管用。之所以会不

管用，若不是我们的认知出了问题，那就是我们的行为未达到预期的效果，这个行为包括了信息的告知及采取的行动。造成这样的结果，很可能是你的沟通技巧不成熟，也可能是你对别人满足你需求的期望过高，由于未能如意，结果造成你一些负面情绪，如沮丧、不悦或伤了自尊心。若以积极的心态去看负面情绪，其实它乃是一种行动讯号，例如自尊心受伤，是告诉你必须改变沟通技巧，那么日后自尊心便不会再受伤；如果沮丧，是告诉你得改变原先的做法，别以为一切无望或无法掌控。

科学家们发现，消极情绪对我们的健康十分有害，经常发怒和充满敌意的人很可能患有心脏病，哈佛大学曾调查1600名心脏病患者，发现他们中经常焦虑、抑郁和脾气暴躁者比普通人高三倍。因此，可以毫不夸张地说，学会控制你的情绪不仅是你职业和事业的需要，也是你生活中一件生死攸关的大事。

加州大学心理学教授罗伯特·塞伊认为，日常的饮食、健康水平及精力状况，甚至一天中的不同时段都能影响我们的情绪，我们不能忽视它们与身体内生物节奏（身体内在节奏就是我们通常所说的人体生物钟规律）之间的关联，把自己的情绪变化都归因于外部发生的事。

生理学家和心理学家经过长期的实践和临床研究认为，大脑里的一种激化酶的增减数量和活跃程度高低决定了情绪的变化。人的大脑记忆力和情绪与时间有着极其密切的关系，激化酶的数量越多越活跃，人的精力就越集中，情绪就越好。

在我们的日常生活中我们每个人在每天的24小时内人体生物钟有三个明显的波动曲线，最佳的波峰值时间段为：上午9：00—10：30、下午3：00—4：15、晚上7：40—9：00。而从一周内来看的话生物钟周最佳时段是前两天，接着中间三天降到最低点，在最后一天出现最高值。

所以，我们要尊重并善于利用生物钟规律，我们做计划、思考和讨论重要的问题、处理重大事务、会见重要客户的时候，我们要选择在情绪和心情最好的时间段；而当我们在处理一些琐碎的工作事项，稍事休息，养精蓄锐的时候则选择在生物钟低潮时段来处理。

你和工作之间的关系就像一面镜子。你如何对待工作，工作就如何对待你。你乐观地对待工作，工作就会让你快乐；你忠诚地对待工作，工作就会对你忠诚；你为工作付出，工作会回报你更多。

苟且活着跟埋在地里只不过数尺之差。一个世纪之前，爱

默生说过这样的话："多数人都是寂静地活在消沉之中。"在与许多人的交谈中，发现竟然有那么多人对自己的工作感到无奈，想得到的得不着，想避开的却躲不掉，在办公室里过得极为无趣无味。而且在各行各业中，情绪上的"低迷"都是人们当前最大的危机。

绝大多数的人有个错觉，认为情绪是完全无法控制的，它是一种自然的制约反应，这个错觉使大家视情绪如病毒，当我们的"心理体质"不佳时就会被入侵；有时候我们也把情绪当作破坏心情的致命原因，甚或有时候我们的情绪只不过是对别人所言或所为的直觉反应而已。

其实，一切情绪都来自于你自己，你是一切情绪的创造者。很多人都这么以为，一切希望得到的情绪都必须等候，譬如说，有些人除非真得到了所企求的东西，否则就不觉得感受到爱、快乐或信心。在此我想很郑重地告诉各位，想在工作中保持好心情并不难，任何时候你都可以选择所想要的感受，去体验所希望的情绪。

几年前，情绪能力风靡一时越来越多的人已经认识到智力或认知能力并不是人生唯一的财富。显得很聪明的人，最后却像乞丐一样可怜兮兮；高智商的佼佼者却没有一个朋友肯帮助他。

一个情绪体验的程度和情绪反应的水平和模式也决定于他的情绪能力。情绪能力既是先天情绪素质的反映，同时也反映了后天的经历和熏陶。

从某种意义上讲，调整好自己的情绪，就调整好了人生。一个人如果无法调整好自己的情绪，一生都可能被情绪所困扰；如果能有效地控制好自己的情绪，就能够事业的发展，增加优势资源的空间，扩大人脉网络，一生就会带着快乐和幸福一起走进成功的殿堂。愉快、积极的心境才是人生最大的收获。

乐观地工作

如果西点军人遇到棘手的问题就一味逃避的话，那么还会有今天的无数荣誉和光辉历史吗？我们要坚信每一个问题中都藏着解决的办法，只要你真正拿出行动，用积极的心态去面对，事情就终有解决的时候。当你的困扰消失后，内心便会油然升起一份快乐，会在日后的工作生活中保持好心情。改变你先前的想法、认知、沟通技巧及行为，发动自己积极的情绪，让你不再像是只受困于屋内的苍蝇，没命地往玻璃窗上冲。

工作并不仅仅是谋生的工具，也不是不得不做的苦役。工作是人的事业，是人的使命；工作更意味着责任和尊严。世界上最伟大的雕塑家罗丹曾经说：“工作是人生的价值，人生的快乐，也是幸福之所在。”毫不夸张地说，工作就是人生，人

生的意义全在于你所做的工作和事业。

因此，无论在工作还是生活当中，我们都要像西点军人那样，保持一种主动精神，就是没有人要求和强迫，却依然能够出色地完成自己的任务。相信一旦认识到了工作的意义，自动精神就会成为你必然的选择。

乐观的人能够把自己的烦闷和苦恼排解出自己的大脑，知道用乐观的心理来应对其他的一切，以便让自己的每一分每一秒都有意义和价值。

詹姆斯就是一个乐观的人。当别人问他最近过得如何，他总是可以带给你令人意想不到的好消息。

他是美国一家餐厅的经理，当他换工作的时候，许多服务生都跟着他从这家餐厅换到另一家，这是为何呢？因为詹姆斯是个天生的乐天派，如果有某位员工今天状态不佳，运气不好，詹姆斯总是适时地告诉那位员工往好的方面想。

这样的情境真的让人很好奇，所以有一天有位友人到詹姆斯那儿问他："没有人能够老是那样的积极乐观，你是怎么办到的？"对此，詹姆斯回答："每天早上我起来告诉自己，我今天有两种选择，我可以选择好心情，或者

我可以选择坏心情，而我总是选择有好心情。每当有不好的事发生，我可以选择做个受害者，也可以选择从中学习，而我总是选择从中学习。每当有人跑来跟我抱怨，我可以选择接受抱怨，或者指出生命的光明面，而我总是选择指出生命的光明面。”

“但并不是每件事都那么容易啊！”这位友人抗议说。“的确如此，”詹姆斯说，“生命就是一连串的选择，每个状况都是一个选择——你要选择如何回应，你要选择人们如何影响你的心情，你要选择处于好心情或是坏心情，你要选择如何过你的生活。”

数年后，这位友人听到詹姆斯意外地做了一件你绝想不到的事：有一天他忘记关上餐厅的后门，结果早上三个武装歹徒闯入抢劫，他们逼着詹姆斯打开储钱的保险箱，詹姆斯由于过于慌乱，弄错了一个码，惊吓了抢匪，于是他们开枪射击詹姆斯，遭受重伤的詹姆斯被邻居及时发现，送到医院进行紧急抢救，医生施行手术的时间就超过了18个小时，术后经过悉心照顾，詹姆斯终于出院了，但还有颗子弹留在他

身上……

听完这事之后不久，这位友人遇到詹姆斯，便问他最近怎么样？他回答：“如果我再过得好一些，我就比双胞胎还幸运了。要看看我的伤痕吗？”友人婉拒了，但他问了詹姆斯当抢匪闯入的时候，他的心情变化。

詹姆斯答道：“我想到的第一件事情是我应该锁后门。当他们击中我之后，我躺在地板上，还记得我有两个选择：我可以选择生，或选择死。我选择活下去。”

“你不害怕吗？”友人问他。

詹姆斯继续说：“医护人员真了不起，他们一直告诉我没事，放心。但是在他们将我推入紧急手术间的时候，我看到医生跟护士脸上忧虑的神情，我真的被吓倒了，他们的脸上好像写着——他已经是个死人了。我知道我需要采取行动！”

“当时你做了什么？”友人又问。

詹姆斯说：“当时有个护士用吼叫的音量问我是否会对什么东西过敏。我回答：‘会。’

这时，医生跟护士都停下来等待我的回答。我深深地吸

了一口气喊道：‘子弹！’等他们笑完之后，我告诉他们：‘我现在选择活下去，请把我当作一个活生生的人来开刀，而不是一个活死人。’”

詹姆斯能活下来当然要归功于医生的精湛医术，但同时也由于他令人惊讶的乐观态度。他的那位友人从他身上学到，每天你都能选择享受你的生命，或是憎恨它。这是唯一一件真正属于你的权利。没有人能够控制或夺去的东西，就是你的乐观态度。如果你能时时注意这件事，你生命中的其他事情都会变得容易许多。

人生中的许多道理就是这么简单。对于一件小事，如果以一种乐观的态度去看待和面对，总能从中找出积极的因素来；而如果以一悲观的眼光去看待，就只能看到消极、阴暗的一面。古人说，人生不如意十有八九，这就是一种客观存在，对每个人都一样，不会以某个人的意志为转机，但我们完全可以通过转变自己的态度来改变自己的态度来改变它，用一种乐观的态度来看待它。其实，一味沉浸在悲观之中，也并不能使事情有任何改变，只会使不如意的事情变得更不如意，就向你讨厌一个人，会越看越讨厌一样。既然悲观于事无补，那我们何不用一种乐观的态度来面对呢？就算这样也并不会有任何改

变，可起码我们的心里会舒服一些。

在美国郊区的一个小山丘上有一座特殊的房子，它不含任何有毒物，完全以自然物质搭建而成。住在这个房子里的人叫辛蒂，她需要人工灌注氧气以维持生命，以传真维持着与外界的联络。

1985年，辛蒂在医科大学念书，有一次在上山散步，带回一些虫子。她想拿杀虫剂把虫子去除的时候，忽然感觉一阵痉挛，原以为那只是暂时性的症状，没有料到自己的后半生就毁于一旦，杀虫剂内含的化学物质使辛蒂的免疫系统遭到破坏，她对香水、洗发水以及日常生活接触的化学物质一律过敏，连空气也可能使她支气管发炎。这种奇怪的病目前并没有药物可以治疗。

患病的头几年，辛蒂忍受着常人无法想象的痛苦，睡觉的时候口水流淌，尿液变成绿色，汗水和其他排泄物还会刺激背部，形成疤痕。她不能睡经过防火处理的的垫子，否则会引发心悸的危险，1989年，她的丈夫用钢和玻璃为她盖了一个无毒的房间，一个足以逃避所有威胁的世外桃源。辛蒂

所有吃的喝的都经过选择和处理，她平时只能喝蒸馏水，食物中不能含任何化学成分。

从生病算起的八年时间，35岁的辛蒂没有见到过一棵花草，听不见悠扬的声音，感觉不到阳光流水。她躲在没有任何饰物的小屋里，饱尝孤独之余还不能放声大哭。因为她的眼泪和汗液一样，可能成为威胁自己的毒素。而辛蒂没有在痛苦之中自暴自弃，她不仅为自己，也为所有化学污染的牺牲者争取权益而奋战。1986年，辛蒂创立了“环境接触研究网”，致力于类病变于的研究。1994年，她与另一个组织合作，设立了“化学伤害资讯网”。目前这一“资讯网”已经有5000多名来自32个国家的会员，不仅发行刊物，还得到了广泛的支持。

辛蒂的不幸是我们很难想象的，我们感觉这样的不幸离我们太过遥远，而当不幸降临的时候，我们又该怎么去面对？辛蒂在寂静无毒的世界里坚强而充实地生活着。她说她不能流泪，所以选择微笑面对生活。

当有不愉快的事情降临的时候，我们务必要保持乐观精神，而不能被一时的阻碍所俘虏。虽然这个世界不以我们的意

志为转移，但我们可以改变自己的心态，从而更好地适应生活，享有一个美丽而安宁的精神世界。古希腊哲学家艾皮克蒂塔曾说：“一个人的快乐与幸福，不是来自于依赖，而是来自对外界运行规律的追求。”

自信地工作

西点军校教育成功最根本的原因是学校对西点学生严格的、系统的领导力培育和训练。所谓集团力，就是影响力，其根基则是品格的塑造。具体来说，西点军校领导力培育的重心是通过体能、军事和学术而提升学生的四项品质：责任感、诚信度、意志力和自信心。

在西点军校，刚入学的新生和高年级的学生在外表和内心上看起来有截然的差别，高年级学生们都意气风发、沉着稳健，眼睛里总是透着坚毅，没有任何恍惚的目光，让你立刻感到他积极的心态和战胜一切的能力和信心，自信在这里表露无遗。

积极向上的态度会增强你和自信心与战胜挑战的意志。因为自信是成功的源头，拥有了自信，就拥有了力量。而西点学员的精神是让我们了：拥有自信去争取成功，不要为良机不遇而叹息，不要因为一时的失败而惶恐，不要让所谓的“自知之明”束缚了进取的手脚。

从西点军人身上我们看到，要做到乐观自信并不难，只要平时敢于肯定自己的优点，遇到困难或挫折时，以积极的心态尽快找出解决的办法，切忌自怨自艾。只有自己对自己充满信心，你的上司才能对你也充满信心。

伊莎贝拉的乐观自信给人留下了深刻的印象。由于看到房产销售的情势大好，她决定代理销售活动房屋。很多人都告诉她不应该做这件事，说她不可能做得好。当时她仅有30000美元的积蓄，而别人告诉她最低的资本投资额是她的积蓄的许多倍。“你看竞争多么激烈呀！”她的顾问这样忠告她，“此外，你在销售活动房屋方面又有多少实际经验？更别提业务管理了。”

伊莎贝拉对自己充满了信心。她说：“我承认自己的确缺少资金，竞争非常激烈，而且也缺乏经验。但是，”她接着说，“我收集的资料显示，流动房屋这个行业正在扩展，我也彻底研究了我可能遇到的竞争。我知道我在销售方面可以做得比镇上任何人都好。我也预料到会犯一些错误，但我会很快地赶上别人。”

于是，她毫不动摇地行动了。最后她那坚定不移的信心赢得了两位投资者的信任，也使她得到了几乎不可能的优惠——一家活动房屋制造商答应，在不需要现金的条件下，供应她一些很少量的存货。就这样，伊莎贝拉大获成功。当年，她卖出了超过100万美元的活动房屋。其实，这一切的成果都归因于她对自己的信心。

倘若一个人意识到自己具备某种能力，却由于环境所迫，只得年复一年地做着自己讨厌的苦差事，那么他一定会感到十分痛苦和沮丧。然而，在西点军校，很多学员失败了再起来，面对失败从不沮丧，抱着不屈不挠的无畏精神向前奋进，最终获得成功的例子不胜枚举。在所有西点军人中，即使是受到挫折打击很大的人，也不会像我们一样会有一种“再也没有力气去折腾了”的感觉，因为他们非常自信，相信自己一定可以重振旗鼓，获得成功。在任何一个特定时间，我们中70%的人会

感到能力耗尽，并且几乎所有人在他们事业的某一点上都将体验到筋疲力尽。然而，对于筋疲力尽的最通常的反应是围绕它的恐惧。但你是否曾经看到筋疲力尽的积极方面呢？筋疲力尽是某个新的、振奋人心的并且有益的事物即将出现的信号！没有这一类的感觉，你怎会做出你生活中的重大改变？

在福特汽车公司工作已32年，当了八年总经理，一帆风顺的艾柯卡突然间被妒火中烧的大上司亨利·福特开除而失业了。艾柯卡痛不欲生，他开始酗酒，对自己失去了信心，认为自己要彻底崩溃了。就在这时，艾柯卡接受了一个新挑战：应聘到濒临破产的克莱斯勒汽车公司出任总经理。凭着智慧、胆识和魅力，艾柯卡大刀阔斧地对克莱斯勒进行了整顿、改革，并向政府求援，舌战国会议员，取得了巨额贷款，得以重振公司的机会。

在艾柯卡的领导下，克莱斯勒公司在最黑暗的日子里推出了K型车的计划，此计划的成功令克莱斯勒起死回生，成为仅次于通用汽车公司、福特汽车公司的第三大汽车公司。终于有一天，艾柯卡把面额高达813亿美元的支票交到银行代表手里，至此，克莱斯勒还清了所有债务。事后，艾柯卡深

有感触地说：“奋力向前，哪怕时运不济；永不绝望，哪怕天崩地裂。”

无论遇到多大的困难，都不要让消极的思想侵蚀你的灵魂。我们要向勇敢、自信的西点军人学习，相信自己一定可以在事业中赢得胜利，要有一种炽热求胜的欲望，而这种欲望则是走向成功的第一步。让我们带着西点军人的乐观、自信和坚强上路，开启一段全新的旅程吧！

感受信念的神奇

西点精英乔治·林曾说："有种东西不仅仅存在于你的心中，只要你勇于打破自己的心理极限，你就会发现做任何事情都是游刃有余，就是这点成就了百年西点的辉煌。"那么，这个神奇的"一点儿"是什么呢？它就是信念。

那么，信念是什么呢？信念之于人，就是灯塔之于航船，只有有着坚定而明晰的信念，人生之路才不会迷失方向。人假如没有信念的支撑，就往往不会具有坚韧的品格，可能一遇到阻碍就会轻言放弃。一个人是不能没有信念的，一个团队更不能没有信念，信念就如同一股潜在的力量，推动我们向自己的目标前进，

在我们遇到困难的时候给予我们不可预测的强大力量。

信念可以给弱者以勇气，给气馁者以希望，给那些强者以更强大的力量。一个没有信念支撑的人，往往就没有坚韧的品格，遇到困难也很容易轻言放弃。

西点军校非常注重培养学员们的信念，在日常教学中帮助学员们强化“一定能成功”“任务一定能完成”的信念，通过各式各样的信念训练，让学员们产生了不客在任何情况下都要坚持完成手中的任务，去赢得一场胜利的信念。由此可见，坚定的信念，可以推动我们向既定目标前进，进而创造出一个又一个无法想象的奇迹。

在人生舞台上上，我们要坚持自己的信念，信念对人生的影响是举足轻重的，它隐藏在我们身体内部，只要善于运用它，它就会成为一股取之不尽的力量源泉。

石油大王洛克菲勒曾经说过：“即使拿走我现在的一切，只要留给我信念，我就能在十年之内又夺回它。”信念巨大地影响着我们的生活。

“我们为什么要相信这么多东西？”一位读者问我，“我们为什么不在自己的知识限度内生活，为什么不把事实作为我们的生活基础呢？就像一个大学生所说的那样，信念就是要求

我们相信那些我们根本不相信的东西。”

但是，我们所了解的东西就曾经是一个信念的问题，直到那些胆子较大的人根据信念找到了事实。信念是建立在事实基础上的一种信任，信任自己的工资、收入和投资属于对金钱的物质态度，因为这些东西可能一夜贬值。信任圣哲是你的精神源泉，这是你对人生的精神态度。“真正所给予的东西不能减少”。保留住的你的财富，知道他们是圣哲的化身。上帝关上了一扇门，就会为你打开另一扇门。

不要总是说“贫穷”和“痛苦”，因为“你将被你所说的话诅咒”。如果你总是想象贫穷和艰难，你的生活就会如此贫穷和艰难。你所认识到的东西就是和你不可分割的整体。有人说：“你生活在这个世界中，不要被表象所影响。你要养成在第四维空间生存的习惯，也就是在‘奇妙的世界’中生存。”

信念是做事情时对困难的一种藐视。如果你的问题是经济问题，你就必须知道用金钱让自己兴奋起来，根据自己的信念做事来激发自己。

有一个法国人，42岁了仍一事无成，他自己也认为自己简直倒霉透了：离婚、破产、失业……他不知道自己的生存价值和人生的意义。他对自己非常不满，变得古怪、易怒，

同时又十分脆弱。有一天，一个吉卜赛人在巴黎街头算命，他随意一试。

吉卜赛人看过他的手相之后，说："你是一个伟人，您很了不起！"

"什么，"他大吃一惊，"我是个伟人，你不是在开玩笑吧？"吉卜赛人平静地说。

"您知道您是谁吗？"

"我是谁？"他暗想，"是个倒霉鬼，是个穷光蛋，我是个被生活抛弃的人！"

但他仍然故作镇静地问："我是谁呢？"

"您是伟人"，吉卜赛人说，"您知道吗？您是拿破仑转世！您身体流的血、您的勇气和智慧，都是拿破仑的啊！先生，难道您真的没有发觉，您的面貌也很像拿破仑吗？"

"不会吧……"他迟疑地说，"我离婚了……我破产了……我失业了……我几乎无家可归……"

"哎，那是您的过去"，吉卜赛人说，"您的未来可不得了！如果先生您不相信，就不用给钱好了。不过，五年后，您

将是法国最成功的人啊！因为您就是拿破仑的化身！”

他表面装作极不相信地离开了，但心里却有了一种从未有过的伟大感觉。他对拿破仑产生了浓厚的兴趣。回家后，就想方设法找与拿破仑有关的书籍著述来学习。渐渐地，他发现周围的环境开始改变了，朋友、家人、同事、老板，都换了另一种眼光、另一种表情对他。事情开始顺利起来。

后来他才领悟到其实一切都没有变，是他自己变了：他的胆魄、思维模式都在模仿拿破仑，就连走路、说话都像。

13年以后，也就是在他55岁的时候，他成了亿万富翁，法国赫赫有名的成功人士。

原本中年还一事无成的法国人，通过13年时间的不断努力，最终成为赫赫有名的成功人士，这一切就是因为信念的力量。最初吉卜赛人断言他是拿破仑的化身，虽然一开始他自己也有所怀疑，但却开始不自觉地学习许多关于拿破仑的知识，在不经意间模仿拿破仑。久而久之，大家都换了一个眼光看他，他也渐渐把原本的想法变成了自己的信念。因为“我就是拿破仑化身”的信念，他最终获得了成功。

事实上，一个人的改变和突破，都始于信念的改变。那么

要怎么改变呢？最有效的办法就是把旧有的信念和巨大的痛苦联系起业，要打心底相信旧有的信念不仅是千万你过去和现在痛苦的根源，更会在未来引发痛苦。同时，你必须要把快乐和即将采用的新信念联系在一起。这个基本的思维方式要在日常生活用中进行反复练习，久而久之就能改变人生。

从积极的角度来说，强烈的信念具有极大的热情，能够激励人心，促使我们积极行动起来。耶鲁大学心理及政治学教授罗伯特·埃布尔森曾说过："信念是一种动力，而强烈的信念显然具有价值更大的动力，它能促使一个人持久不懈地努力，以完成或大或小的目标、项目、心愿和理想。"

如果你想要人生中有所成就，最有效的办法之一就是把信念提升到强烈的等级。记住，强烈的信念具有促使你采取行动的强大力量，让你横扫横亘于眼前的一切障碍。确定的信念也具有一定的作用，不过作用有限，有些事只有强烈的信念才能推动其成功。只有强烈的信念才能迫使一个人痛下决心，坚持健康的生活方式，让你更注重生命的乐趣，远离疾病的侵袭。如果你是一个具有强烈信念的智慧之人，那么你就能在各种困境下扭转局势，度过艰难时光。

信念犹如人生路上的加油站，为你最终达到目标提供源源

不断的能量。树立并始终保持必胜的信念，就一定能成为最终的胜利者。

那么，我们如何建立一个强烈的信念呢？步骤如下：

（1）建立一个基本的信念。

（2）不断吸收新鲜有力的新依据，来强化这一基本信念。举个例子，如果你下定决心做一个素食主义者，不再吃肉，为了坚定这一决心，你就需要去跟那些选择素食生活的人交流，从他们那里了解到是什么促使其改变饮食习惯；选择素食生活后，身体上有何改善、生活上有何变化；如果吃肉，那么动物蛋白对人体有什么影响。依据越多，信念就越强烈。

（3）寻找或自创一个有力的依据，好好问自己："如果我不这么做会付出什么代价？"这样的问题会帮你不断巩固信念，达到深信不疑的程度。譬如你想要抵抗毒品的诱惑，最好的办法就是去了解吸毒的严重后果，那么你可以去观摩此类影片，甚至可以去戒毒所，看看那些毒品折磨的人；如果你想戒烟，就可以去医院的加护病房，看看那些罩着氧气罩的肺病患者，或者看看那些吸烟者们X光片中乌黑的肺部。这些经历必能使你远离毒品或烟草，建立强烈的信念。

（4）付诸行动。每一次行动必然会强化该信仿，并让你

操持该信念的决心更强烈。

还有一种情况，有些人的强烈信念，是因为感染了别人的热情，他们的坚定源自他人的坚定，这就是心理学上所谓的“群体现象”。不过，社会上通行的做法未必都是正确的。当一个人踌躇不决时，他们就会参考旁人的做法。罗伯特·西奥迪尼博士在其所著的《影响力》一书中列举了一个典型的实验，一个女人在大街上向实验对象（一位不知情的人路人）大叫：“救命！有人强暴！”这时，旁边事先安排的两位路人对此视若无睹，自顾自地往前走，而那位不知情的路人在听到呼救声时有点儿不所所措，不过当他看到旁边的两个人恍若未闻时，他也就采取了不闻不问的态度。

第五章

热情是一种积极的精神

要积极主动

西点军校戴维·格拉森将军说：“一个优秀的军人，应该是一个积极主动去提高自身素质的人。这样的军人，不必依靠任何管理手段去触发他的主观能动性。”而主动性是最能体现员工是否优秀的标准，积极主动的员工，才是一个能把任何事情做得圆满的员工，才是老板所倚重的员工，才是一个能把任何事都做得圆满的员工，才是老板所倚重的员工。在任何情况下，想取得卓越的业绩，第一也是最基本的态度就是要像西点军校得学员那样积积主动。积极主动的心态可以帮助我们战胜自卑和恐惧，克服我们的惰性，开发自身潜能，提高工作成效和业绩。积极主

动的员工不仅不会逃避责任，而会主动承担困难的工作，通过做困难的工作锻炼自己，让自己做得更好。

西点军人在这方面给我们做出了最好的表率。西点军人在面对战斗的时候，不是消极地等待命令，而是抢着向前冲锋。在遇到艰巨的作战任务时，西点军人总是主动请战，并克服一切保证完成任务。

西点军人的这种态度，就是积极主动的具体表现。他们并不仅仅把战斗看成是战斗，把任务看成是任务，而是把困难的工作当作自己的神圣使命，当作对人民的责任。因为他们知道自己所做的是世界最伟大的事业。

伟大的西点军人就是在这种积极主动的感召下克服了无法想象的困难，完成了不可能完成的任务，最终取得了伟大胜利。

普列是美西战争中的一名普通的工程连的士兵，他在服役期间干过很多工作，其中给人留下印象最深的就是他做驾驶挂车的司机。这一工作并不好做，他驾驶的是用来搬运挖土机的挂车，挖土机重达40多吨，而且那时条件十分艰苦，他驾驶的挂车经常出现各种各样的故障，而出现故障之后又没有专业的修理工，也没有可以更换的配件。

哈里中尉是普列的上司，他负责调度整个工程连的整体工作。一天，哈里中尉接到上级的命令，让他们放下正在进行的工作，把所有人员和设备转移到距现在工作地点50公里以外的一个偏僻小镇，去修建一座被损坏的大桥，以便能尽快地恢复高地的粮食和其他供应。而就在要转移的时候，普列发现他的挂车又出现了故障，而且这次的故障还比较严重——挂车的刹车彻底坏了。于是，他迅速把这一情况报告了哈里中尉。得知这一情况的哈里中尉双眉紧锁，他知道，眼下根本没有修好挂车的可能，而且挂车还必须转移，否则的话那辆重达40多吨的挖土机也没法转移，但没有刹车对于机动车来说十分危险，对于这个承载重物的挂车来说更是致命。普列对这些情况当然也心知肚明，作为一名专业司机，他还知道越是泥泞的道路对没有刹车的机动车来说就越危险，而他们要走的这50多公里路几乎全部都是泥泞不堪的山路。

“如果不把那个挖土机拉过去，在那边我们就根本没法工作，只有靠它才能把损坏的桥梁挪开，还有没有其他办法

呢？”哈里中尉像在自言自语，又像是在问普列。

普列知道，哈里中尉找不到其他办法，他看了看中尉说：“长官，我可以试一下用引擎减速，但如果这样的话，到了那里以后，这辆车就彻底报废了。”普列的话其实没有说完，但哈里中尉知道他的意思，如果真那样做的话，那就是要让普列用生命的代价去换取这次任务的成功。中尉拍了拍普列的肩膀，普列继续说道：“长官，让我试试吧！”

队伍开始出发了，普列一路上都心惊肉跳，因为他可能一不小心就会葬身山涧。50多公里的泥泞山路终于走完了，那辆挂车确实报废了，但普列还活着，而且推土机也完好如初。来不及回顾这段路程的艰险，他们就又开始了新的工作，很快他们就修好了那座大桥，高地的粮食和其他供应也得到了及时的恢复。

这是西点军校一直流传着的故事，他向我们展示了西点军校最重要的规则就是：主动承担起责任，并为自己的争为负责。

什么是主动呢？所谓的主动，指的是随时准备把握机会，展现超乎他们要求的工作表现，以及拥有“为了完成任务，必要时不惜打破成规”的智慧和判断力。那些工作时主动性差的员工，

墨守成规、避免犯错，凡事只求忠诚公司规则，老板没让做的事，决不会插手；而工作时主动性强的员工，则勇于负责，有独立思考的能力，必要时会发挥创新，以完成任务。

在职场上，我们也必须培养这种积极主动的心态，从平凡的工作中脱颖而出，与其说是由个人的才能决定，不如说取决于个人的进取心态。这个世界为那些努力工作的人大开绿灯，直到他生命的终结。

汤姆斯供职于杰瑞广告公司，公司一百多人里有不少资深人士，可谓是人才济济，他在这里并没有特殊的优势。但是汤姆斯的工作很踏实，不仅能像其他同事那样把老板交代的工作按时按质完成，还喜欢逐磨本职工作之外的事。因此经常是下班后同事走了，他还在办公室里找事做。

一天，老板下班时见汤姆斯办公室内的灯还亮着，便走了进去。正在修改一份广告策划书的汤姆斯赶忙站了起业，和老板打了一个招呼。老板很是欣赏汤姆斯这种精神，便宜坐下来和他聊了起来。话题转到工作上，汤姆斯谈到了广告策划、内容制作以及经营等方面的想法，其中不乏对当前广告的策划工作的建议。

自然，汤姆斯引起了老板的关注，于是主动找汤姆斯聊工作里里外外的话题。虽说工作中不乏人才，可在做完自己的工作之余还这么关心公司发展的却很少见。逐渐地，老板对汤姆斯另眼相看，觉得汤姆斯会是一个得力的助手，决定任命汤姆斯做自己的助理。

那些积极主动、自动自发工作的员工，对自己的构想有坚定的信仰和昂扬的精神，这会驱使他们一往无前，排除任务障碍或者挫折，去实现自己的构想。他们永远不会放弃他们真正信服的东西。当然老板也不会放弃他们的。

应该明白，那些每天早出晚归的人不一定是认真工作的人，那些每天忙忙碌碌的人不一定是优秀地完成了工作的人，那些每天按时打卡、准时出现在办公室的人不一定是尽职尽责的人。对他们来说，每天的工作可能是一种负担、一种逃避，他们并没有做到工作所要求的那么多、那么好。对每一个公司和上司而言，他们需要的决不是那种仅仅遵守纪律、循规蹈矩，却缺乏热情和责任感，不能够积极主动、自动自发工作的员工。

成功取决于态度，成功也是一个长期努力积累的过程，没

有谁是一夜成名的。所谓的主动，指的是随时准备把握机会，展现超乎他人要求的工作表现以及拥有“为了完成任务，必要时不惜打破常规”的智慧和判断力。知道自己工作的意义和责任，并永远保持一种自动自发的工作态度，为自己的行为负责，是那些成就大业之人和凡事得过且过之人的最根本区别。

任何人都是他人生的编剧和导演，你要想演好人生这幕戏，你的态度决定了你的表演好坏。我们要用自己的主动积极完美自己的人生剧本，成为工作生活中的胜利者。

积极主动是一种人生态度

在任何情况下，西点新学员都把自己造就成一个积极主动的人，这样才能受到学长的欢迎。亚布拉罕·林肯总统说过："人下决心想要愉快到什么程度，他大体上也就愉快到什么程度。你能够决定自己头脑中想些什么。你能控制着自己的思想。"

年轻的洛克菲勒最初在石油公司工作时，既没有学历，又没有技术，他被分配去检查石油罐盖有没有自动焊接好。这是整个公司最简单、最枯燥的工序，同事戏称连三岁的孩子都能做。洛克菲勒每天看着焊接剂自动滴下，沿着罐盖转一圈，再看着焊接好的罐盖被传送带移走。

半个月后，洛克菲勒忍无可忍，他找到主管申请改换其他工种，但被回绝了。无计可施的洛克菲勒只好重新回到焊接机旁，既然换不到更好的工作，那就把这个不好的工作做好再说。

洛克菲勒开始认真观察罐盖的焊接质量，并仔细研究焊接剂的滴速与滴量。他发现当时每焊接好一个罐盖，焊接剂要滴落39滴，而经过周密计算，实际上只要38滴焊接剂就可以将罐盖完全焊接好。

经过反复测试、实验，最后洛克菲勒终于研制出“38滴型”焊接机。也就是说，用这种焊接机，每只罐盖比原先节约了一滴焊接剂。就这一滴焊接剂，一年下来却为公司节约了5亿美元的开支。

年轻的洛克菲勒就此迈出日后走向成功的第一步，直到成为世界石油大王。

工作中没有小事，不要看不起平凡的工作，其实平凡中孕育着伟大的种子。大事是由众多的小事积累而成的，忽略了小事就难成大事。

一个人，只要忠实于自己的岗位，并踏踏实实地去做，用心去做，也就找到了开启成功之门的钥匙。

主动出击是一种的竞争手段。当今社会竞争愈演愈烈，唯有主动出击才能创造成功的机会。无论在哪个行业，主动出击都会为自己赢得更多的话语权。

在微软公司，任何一个具有专业技能的人都必须充分发挥自己的最大主动性，才能使自己的技能转化为竞争力，因为微软需要的是能够主动为公司争取荣誉的卓越员工。所以微软的一位权威人士说："不要再只是被动地等待别人告诉你应该做什么，而是应该主动地了解自己要做什么，并且规划它们，然后全力以赴地去完成。想想世界上最成功的那些人，有几个是唯唯诺诺、等人吩咐的人？对待工作，你需要以一个母亲对孩子般那样的责任心和爱心全力以赴，不断努力。果真如此，便宜没有什么目标是不能达到的。"

在我们的人生历程中，我们不能凭一种懒汉的行为去对待自己，我们应该用一种积极主动的态度去对待。有些人在工作中，总是用一种平庸的心态来对待工作，他们通常认为自己的付出只要对得起从公司拿到的薪水就行了。他们不会主动加班，也不会积极主动地去完成工作，他们稍遇挫折就心灰意冷，总觉得这个社会欠他太多。他们总是抱着平庸的态度去做事，结果也就以平庸收场。

一个人的工作有没有主动性、有没有追求完美的精神，对工作的影响是很大的。

在美国有一家做图书代理的公司，业务主管让三位员工去做同一件事：去北京的各大书店了解一下最近的图书市场情况如何。

第一位员工20分钟就回到了公司，他对业务主管说，他去了最近的一家图书店，他已经向该书店的员工询问了情况，接着就向业务主管汇报了他了解到的情况。

第二位员工45分钟后回到了公司，他亲自到某某书店了解了情况，然后自己还在该书店把各种书翻看了一遍。

第三位员工却在五个小时之后才回到公司，原来他不但去了前两位员工去的图书店，他还去了十多家书店，并把每家书店的情况都一一做了记录。在回来的路上，他还去了一些出版社，把最近的图书市场和出版情况也作了了解，他害怕把了解到的情况遗忘，又找到一家麦当劳餐厅并在那里把情况做了记录才回到公司。

第三位员工的态度，向我们表现了一种积极主动的工作态度，而这种态度，也正是每一个追求成功的人应具有的人生

态度。对于那些讲究主动，善于最大限度地挖掘自身潜力的员工来讲，注重自己并为公司做贡献乃是他们的必然选择。他们不会仅仅看到自己的工作，而且有着一种超越的胸怀，把目光盯向目标。他们非常看重自己应该承担的责任，常常会反省自问："我是否对我的人生有着更好的向往，我是否对我所在的公司做出贡献，这种贡献是否对企业的业绩和成果产生深远的影响？"

但凡做的优秀的人，都具有主动做事的态度。对自己的工作设有目标和计划，并主动去实现。要想达到事业的顶峰，你就要具备积极主动、永争第一的品质，不管你做的是多么令人扫兴的工作。

主动性强的人，往往会用积极的态度来看待周围的一切，并且能够主动去思考、创新、为顾客介绍产品，不仅想着把工作做好，而且要让客户满意，主动性越强的人就越会掌握越多的主动权。

积极的人会得到积极所带来的丰硕成果。学会积极主动地去工作，你就会发现你所有的工作都那么简单，如今的境况和以前的都是那么地不同，这就是积极主动的魔力。

有时在商场购物时，遇到这样的情形：在生意淡时，几个导购员围在一起，看到顾客过来，有的导购员就会主动迎上去，而有的导购员就会对另外导购员说“你过去，给他介绍介绍”，可能一个人的技能就是这样积累起来的。而那些不想去给顾客介绍，不想接触顾客的人自认为是占了便宜，但是最终吃亏的还是他们自己。

主动性不强的人，显得有些消极，缺乏工作的热情和激情，缺乏工作的计划性，领导安排事情时，能够完成就不错了，并且很多时候还做不好。尤其是商场里的家具导购员，直接与顾客面对面，许多时候，顾客会受到导购员的感染，主动积极的人在工作时他的精神会潜移默化的表现在他的言谈举止间，会给人以愉悦感，让人心情舒畅，利于产品成交。

究其根源，主动与否还是工作态度问题，如果导购员具有了正确的工作态度，然后在其行为中表现出来，销售业绩定会提升！

我们经常会听到这样一种说法：成功的人与不成功的人最大的区别就是成功的人做事都积极主动，而那些不成功的人做事则大多都消极被动。

在西点军人看来，主动是一种积极的人生态度，代表着

自身的一种创造力，主动地思考、积极地行动，会让人们在接触事物的过程中扩大主观的认知视野。所谓举一反三、触类旁通、顺藤摸瓜，实际上都是主动思维的另类诠释与最好的证明。主动的人能接触到更多的信息与资源，这对处世的灵活性、多样性、成功性都大有帮助；同时主动的思维会带来积极的行动，行为上的主动会引起良好的外界反馈，这样才能够进一步刺激到自己的大脑神经细胞，从而产生出一种更积极的思维。这样一种良性循环，能够让人们在处理好事情的同时，最大限度地发挥自身的能动性，以便创造出更大的价值，由此体会到一种完全感、价值感、幸福感。

主动是一种精神

西点军校的杰克·齐尔斯中校认为："在西点军校，学员使自己的能力得到提升的最好办法是，在做好分内事的同时，多为西点军校做事。这不但可以表现学员勤奋的品德，还可以培养学员的综合能力，增强学员的生存能力。"

比别人多付出一点关心和礼貌。这些东西对于每个人来说，都能够轻而易举地做到，但却并不是谁都会去做，只有做了的人才会得到更多的回报。你多付出一分，就多一分的回报；你多付出十分，也许就会多得到一百分的回报，所谓"多一份耕耘多一份收获"。你所付出的额外服务会为你带来更多的回报，也许，成功的契机就隐含其中呢。

宇宙中有一种伟大的定律，叫“付出定律”。它告诉我们，只要你有付出，就一定有获得，获得不够，表示付出不够，想要得到的更多，你必须付出得更多。

罗杰斯·奈斯上尉指出：“不要说教官只看着学员努力工，如果学员想取得像教官今天这样的成就，办法只有一个，那就是比教官更积极主动地学习训练。”

在职场中，光是具有上司的心态是不够的，你还要时刻提醒自己，我可不可以替公司多做一些事呢？我是不是比上司更积极主动呢？这样会有什么结果？它必将使别人更加注意你，从而使你有更多的晋升机会。

西点军校告诉我们，主动去做上司没有交代的事情，并尽力做到最好，你在上司心目中的地位自然会得到提高，坚持下去，你的努力终有成功的一天。

彼得是公司里的一名普通员工。一天，他无意中得知老板有意在公司实行管理，但因公司缺少这方面的人才，在实施中遇到了困难。彼得记在了心里，随后的一周他一边积极学习电脑管理知识，一边与提供电脑管理软件公司取得联系。

详细分析和规划，他向老板提交了一份在企业内全面导入电脑管理系统的计划书，并随有详细的预算和实施计划。

老板看到这份计划书先是大吃一惊，因为这并不在彼得的职责范围内。但当老板看见后，他很快对彼得刮目相看了，因为计划书体现出很专业的水平，而且很符合公司的实际情况。老板对他的作品很满意，并立即决定由彼得实施这个计划。公司导入电脑管理后，作业方式随之改变，彼得成了公司正常运转不可或缺的员工。

主动是种精神，反映在人的思维、行动以及整体的气质面貌上，它可以拓展人的思维，更大限度地促进人的潜能开发。不像消极的人，什么都是在被动接受中进行的，那种被外物牵着鼻子走的生活方式会消磨人的意志，抑制人能力的发挥，生活也会变得越来越糟。

《把信送给加西亚》一书的主人公罗文就是一个积极主动的人，他在接到麦金莱总统要他给加西亚将军送去那封决定战争命运的信的任务时，没有任何推诿，而是以其绝对的忠诚、责任感和创造奇迹的主动性完成了这件“不可能的任务”。

一百多年来，他的动人事迹被全世界广为流传，激励教育了地球上千千万万的人以主动性完成职责。无数的公司、企业、机关、系统、组织都曾经人手一册，以塑造自己团队的灵

魂。如今，“送信”早已成为一种象征，成为人们忠于职守、履行承诺、敬业、忠诚、主动和荣誉的象征。恰恰是这个并不复杂的故事传达的理念，却足以超越那些连篇累牍的理论说教，它的影响力之大是不可想象的，它不局限于个人、企业、机关和一个国家，甚至贯穿了人类文明。正如阿尔伯特所说：“文明，就是充满渴望地寻找这种人才的一个漫长的过程。”

所有团队、组织领导者、管理者、老板，看到这部分内容都会深有体会地发出这样的感慨：到哪里能找到把信送给加西亚的人？因为任何一个组织要想获得真正的成功，其员工的忠诚、责任和主动性都是至关重要的，那“送信的人”是他们梦寐以求的公司栋梁之材。

有的人天性就十分地积极主动，这可以称得上是一种生命的幸运，这种人就更应该珍惜这种天赋，更大限度地去努力发挥出蕴藏于内心的潜能，争取更大的成功和价值实现。

有的人则因为性格或习惯或经历过挫折而消极被动，他们爱抱怨社会或者抱怨自己。那些爱抱怨社会的人永远也得不到成功与安宁，无论走到哪里他们都爱抱怨，即使有一天到了他们所希望的好环境下，他们仍然会抱怨，因为抱怨已成为他们的一种习惯，它来自于被动消极产生的怨气。

有的人对于做到主动很困惑。在主动与人交往的过程中，他明白人们常说的要别人如何对自己，自己就要首先如何对别人，可他会觉得我对别人那么好，可别人不对我好。其实那是因为你做得不够好。对于在社会中生活的人来讲，每个人都是群居动物，需要感情方面的交流，自然也就会对友善融洽的交流有积极的反馈。

上天对于生活中的每个人都是十分公平的，你缺少什么，生活就给你考验与机会，让你补什么，只要你积极主动地思考或行动，你就会在磕磕碰碰当中找到一条真正的完善自我、通向成功的道路。

没有哪个老板欣赏那些不主动做事的员工，只有积极主动地完成工作的员工才是老板欣赏的。在工作中，不要什么事都等着领导说了才去做，应该学着寻找那些隐藏着的工作，并主动去完成它。

在工作中积极主动，既增加了锻炼的机会，又为实现自己的价值增加了筹码。我们的人生不是上帝安排的，而是主动争取的。职场就像一场舞台表演秀，企业只给员工提供必要的道具，剩下的需要我们自己去创造。舞台需要自己搭建，演出需要由自己排练，至于能否博得观念的喝彩，则完全掌握在自己手中。

每天多做一点

在西点，约翰·拉姆森将军十分相信：“每天多做一点儿的学员将从他的同学中脱颖而出，这个道理对于学员和军官都是一样的。这样，上司才会更加信任你，从而赋予你更多的机遇。”

西点人相信，上帝永远保佑那些起得最早的人。在西点，每个学员每天都有适当的军事训练与文化知识课程，没有人能够洲手好闲或是靠投机来获得荣誉。

很多人花费大量的时间和精力去寻找成功的捷径，却从来不肯多花费一点儿时间用在工作上。其实，不要小瞧自己比别人多付出的那一点儿，它也许就会改变你的一生，伟大的成就

通常是一些平凡人们经过自己的不断努力而取得的。

许多人总问我一个同样的问题，那就是："我为什么要比别人多做一些？我又不会马上得到什么好处？"我只能告诉他们，你必须每天都这样做，而且要坚持一直做下去，那样你就会有很大的收获。他们听到我的回答，总会无奈地摇摇头，他们觉得那似乎太遥远，他们需要的就是眼前的成功。

但是，我不气馁，我坚信只要有人这么去做了，就会有成功的机会和可能。我看到的一个故事也更坚定了我的想法。当然，每一个这么去做的人，他们的初衷并不是马上得到成功的机会，但往往机会垂青的也是他们。

我总习惯于用实际生活中的例子来强调自己的论点，从而打动我的客户。我的邻居艾丽小姐就是一个活生生的例子。

一个星期六的下午，一位律师走进艾丽的办公室问他，哪儿能找到一位速记员来帮忙——手头有些工作必须当天完成。

艾丽告诉他，公司所有速记员都去观看球赛了，如果他晚来五分钟，自己也会走。但艾丽同时表示自己愿意留下来帮助他，因为"球赛随时都可以看，但是工作必须在当天完成"。

做完工作后，律师问艾丽应该付他多少钱。艾丽开玩笑地回答："哦，既然是你的工作，大约1000美元吧。如果是别人

的工作，我是不会收取任何费用的。”律师笑了笑，向艾丽表示谢意。

艾丽的回答不过是一个玩笑，并没有真正想得到1000美元。但出乎艾丽意料，那位律师竟然真的这样做了。六个月之后，在艾丽已将此事忘到了九霄云外时，律师却找到了艾丽，交给他1000美元，并且邀请艾丽到他的公司工作，薪水比现在高出1000多美元。

艾丽放弃了自己喜欢的球赛，多做了一点儿事情，最初的动机不过是出于乐于助人的愿望，并不是金钱上的考虑。艾丽并没有义务放弃自己的休息去帮助他人，但他的这种放弃不仅为自己增加了1000美元的现金收入，而且为自己带来一项比以前更重要、收入更高的职务。当然，你没有义务要做自己职责范围以外的事，但是你也可以选择自愿去做，以驱策自己快速前进。率先主动是一种极珍贵、备受看重的素养，它能使人变得更加敏捷，更加积极。“每天多做一点点儿”的工作态度能使你从竞争中脱颖而出。

看看你的身边，你会发现有许多优秀的员工，这些人是公司的骄傲，是公司的财富。他们每个人都是很平凡的人，使他

们显得与别人不同的原因，仅仅是他们愿意每天都多付出一点点儿，一年365天，天天如此！

也许你刚开始做的是秘书、会议和出纳之类最普通的工作，难道你愿意在这样的职位上永远干下去吗？在做好本职工作的同时，你应该再多做一些不同寻常的事情，这样既可以培养你的能力，也可以使老板注意到你，你的付出将如同一笔存款，在你需要的时候，它将随时为你提供服务。

我在一本书上曾看到一位哲学家问他的弟子“知不知道南非树蛙”的故事。哲学家说：“你可能不知道南非树蛙的事，但如果你想知道，你可以每天花五分钟的时间来查阅资料。这样，只要你持续不断地每天花五分钟的时间查阅相关资料，五年内你就会成为最懂南非树蛙的人，成为这个领域中的权威。到时候有人就会邀请你，听你对南非树蛙的讲解。”

成功者与失败者的差距，其实并不像大多数人想象的那样有一道巨大的鸿沟横亘在面前。成功者与失败者的差距在一些小小的事情上：每天比他人多做一点儿，每天花五分钟的时间查阅资料，多打一个电话，在适当的时候多一个表示，多做一些研究，或者在实验室中多实验一次……

坚持不是一件容易的事，坚持每天比原来多做一点儿更不

是一件容易的事。坚持每天多做一点儿、做好一点儿，克服拖沓、马虎、等待、推诿和懒惰，积少成多，我们就会比别人做得更好、学得更多。每天多做一点儿，每天进步一点儿，就离成功近了一点儿。

在西点人看来，比别人多付出一份就意味着比别人多积累一份资本，意味着比别人多显露一份才华；意味着比别人多闪现一份美德；意味着比别人多创造一次成功的机会……

“每天多做一点儿”也是我自己的工作准则，几十年来从来不曾间断，而且我也因此获益良多。“每天多做一点儿”看似微不足道，但日积月累，就会是一笔很大的财富。我也总是试图将这个秘密告诉给前来咨询的每个人，想让他们也能分享成功的喜悦。

社会在发展，公司在成长，个人的职责范围也随之扩大。不要总是以“这是我分内的工作”为由来逃避责任。当你每天多做一点儿时，你就能够有意外的收获。

在一个多雨的午后，一位老妇人走进了费城一家百货公司，大多数的柜台人员都懒得理她，但却有一位年轻人问她是否能为她做些什么。当她回答说只是在等雨停时，这位年轻人不但没有推销给她并不需要的商品，而且也没有转身离

去，反而拿给她一把椅子。

雨停之后，这位老妇人向年轻人说了声谢谢，并向他要了一张名片，几个月之后这家商店老板收到了一封信，信中要求派这位年轻人前往苏格兰收取装潢一整座城堡的订单。这封信就是那位老妇人写的，而她正是美国钢铁大王卡内基的母亲。

当这位年轻人准备去苏格兰时，他已经升格为这家百货公司的合伙人了。

这位年轻人是不是付出了很多的心血和劳动？不是。他只是比他旁边的人多付出了一些关心和礼貌。但是，再细想一下，他肯定是经常这样做，所以才养成了良好的习惯。对我们来说，“每天”多付出一点儿，“天天”都多付出一点儿，而不是哪天心血来潮了，就多做一点儿，做好一点儿，第二天，热情一过，则又回归原样。

一个好员工，光是全心全意、尽职尽责为公司工作是不够的，你还要时刻提醒自己，我可不可以为公司、为客户多付出一点儿呢？其实，每天多付出一点儿并不会把你累垮，相反，这种积极主动的工作态度将使你更加敏捷主动，才可以给自我

的提升创造更多的机会。

每天多付出一点儿，能让你在公司里脱颖而出，这个道理对于普通职员和管理阶层都是一样的。每天都能多付出一点儿，上司和客户都会更加信任你，从而赋予你更多的机遇。

德尼斯从西点军校退役后，接管了一家大的集团公司，他用在西点军校的方法很快就担任了这家公司的总裁。在给新员工讲话时他说："我刚到公司时发现，在大家下班后，杜兰特先生仍然会工作到很晚才回去。因此，我也想留在公司里，虽然，没有谁要求我要这样做，但我觉得留下来会给杜兰特先生提供一些帮助……像工作中找文件或打印材料等事情，刚开始时都是杜兰特先生自己亲自做。但到了后来，他发现下班后我也继续呆在公司，准备随时听候他的吩咐，这样，就让我帮助他做些这样的日常性工作……"

为什么杜兰特愿意召唤德尼斯为他工作呢？就在于德尼斯能够每天多做一点儿，下班后能自动留在办公室继续工作，随时为杜兰特服务。在这个过程中，德尼斯没有获得丝毫报酬，但是，他却得到了比报酬更重要的机会，使杜兰特能够看到他的能力，从而为自己赢得了晋职的条件。

能够做到德尼斯这一点的员工并不多。上司成功的原因就是一步步积累、从不满足。如果员工想比上司更出色，就应该时刻警告自己不要躺在安逸床上睡懒觉，让自己每天都站在别人无法企及的位置上，这样机会很快就会垂青。

当你形成了“每天都要为公司多做点儿事”的习惯时，无形中你就比其他人具备了更大的优势，这样，不管在什么公司，都有许多人乐于和你合作。

每天多做一点儿，是聪明人的选择；每天少做一点儿，是投机者的把戏。前者是主动掌握成功，后者利用成功；前者为长久的人生之道，后者为短暂的机会偶遇。

“多付出一点儿”是你必须好好培养的一种心态，一种精神，一种良好的习惯，它是你成就每一件事的必要因素。多付出一点儿儿，虽然要求你应不计报酬，不怕牺牲，但是，这种“多付出”的代价决不会白白流失，它最终必然会结成丰硕的成果，并给你以加倍的回报。

多付出一点儿，一个月、一年、十年……那将会是多么可观的一大笔财富啊！

每天多做一点儿，意味着什么呢？意味着改变自己——一件事情会影响一个人的命运，也许几件事情就会改变一个人的

一生。只要你每天多做一点儿，每一天都是一个阶梯，都是新的一步——向着既定的目标。换句话说，只有不断地追求才有不断地进步。只有不断地行动，才有不断的成就。每天多做一点儿，日积日累，作为普通员工的你也会达上成功的阶梯，摘取满意的成果。

主动提高自身素质

在残酷的环境中锻炼出来的鹰，造就了一副强健的体魄。

鹰的嘴弯曲而锐利，四趾是钩爪样，目光炯炯发亮。尤其鹰的骨骼硬朗，肌肉相当发达，因此显得十分有力量。

发达的肌肉，为鹰提供捕食野兽的力量；强健的体魄，让鹰有能力抵御恶劣的自然环境，任凭风霜严寒依旧卓然挺立。

我们知道，狼为了在大自然中生存下去，更喜欢抓捕体形庞大的猎物。这些动物身躯比狼大好几倍，狼几经尝试都不一定能够成功，但受到生存竞争的光大，它会不断尝试，并在这一过程中充分发挥出自己的聪明才智，最终饱食一顿美餐。在

这一过程中，狼的体魄和智慧是它在大自然中得以生存下去的两把利剑。

西点军校把狼的生存哲学引入到学员的训练中，这就是“兽营”。

“兽营”一般会设置六个训练项目，比如滚木头、推雪橇、屈臂悬挂、爬高墙等。现场近1000名学员，寥寥几位军官，全靠学员自我管理。每个连完成一项科目，全连小结一番。我记得在北大MBA入学拓展训练时，我们小组爬高墙的成绩是17分钟，属于中上等成绩，因此看到爬高墙我并不是很紧张。但是西点的现场冠军ECHO连的成绩是28秒！

野外拉练训练中，对于每一个西点学员来讲，野外拉练，没有妥协机会。射击场上，教官们不仅帮学员分析射飞碟的要领，而且让我们参与到事关射击的各个环节，枪械领用、弹药管理、草坪休整等等。上山拉练，男生背75磅的沙袋，女生背35磅，再分别外加40磅的枪械，在山区中行程4英里，军官们则一路上讲解“动态领导力”：在艰苦行军中如何激励士兵、如何保证灵活性和纪律性，如何面对突发事件。因为作为领导，不仅自己要出色，还要帮助同伴一起成功，所以在最艰难的时

刻，没有人给你妥协的机会，大家只会尽一切努力让你突破自己的生理和心理极限。

在这些训练中，学员既要有体力做后盾，又要充分运用智慧协调好与各个队员间的协作关系，才能高效地完成任务。

西点军校还非常注重开展体育活动。西点认为，体育活动不仅在于强身健体，更在于让学员学会在竞争中如何取胜。因为在运动场上紧张、激烈的竞争环境下，学员们只有保持清醒的头脑，动用所有的智慧，才能迅速地对复杂情况做出反应和判断，与队员们齐心协力取得比赛的胜利。在这个方针下，西点军校几乎有1/3的学员都参加过校际运动竞赛。

美国历史上的许多名将在西点求学期间都是优秀的运动员。如麦克阿瑟是棒球高手；德怀特·艾森豪威尔是橄榄球明星；乔治·巴顿将军是陆军马球运动史上最优秀的马球手，曾创下220码低栏的纪录，并荣获“剑道大师”的美誉。奥马尔·布雷德利精于棒球运动，他以倒地铲球的特技而备受学员们的追捧。此外，前陆军部部长霍德华·卡拉韦、陆军上将范佛里特、第一个步入太空的宇航员埃·怀特等也都是优秀的运

动员。不仅男学员们成绩优异，女学员们在女子田径、篮球、排球等竞赛中，也都曾多次取得骄人的成绩。

在众多的体育运动中，橄榄球是西点军校的一张王牌。事实上，在这张王牌打响之前，橄榄球是西点人不愿提及的伤痛。原因是，在1890年与海军军官学校的橄榄球比赛中，西点惨遭失败。但是西点人并没有因此而放弃，他们为了雪耻，发挥每一个人的聪明才智寻找失败的原因，在接下来的训练中，他们着重加强了球技、速度和协调性的练习。终于在下一次的比赛中，击败了海军学校队，为西点挽回了荣誉。

作为职场中的人来讲，我们也要树立起这种精神，要主动去提高自身素质，只有这样，我们才能在激烈的市场竞争中脱颖而出。

人生能获得的最好奖赏莫过于身体的健康、结实和强壮。布雷厄姆曾经连续工作将近144个小时；拿破仑持续24个小时都骑在马背上行军；富兰克林70岁时还在露天宿营……

身体素质状况对于一个人的事业来说，意义是非同小可的。一般说来，能迅速做出重大决策的人总是有着极好的身体素质。头脑就像计算机的软件，产生智谋，发出指挥；而身体

素质像硬件，给予人们进行思维的能量和基础。

在人们的心目中，那些性格极为坚定的人，总是显得强壮有力的。通常，体质好的人可以承担重任并容易令人信任。像古时候有关英国统治者威廉的传说中，他被人描绘成的出神入化——“海盗般的性格镶嵌在他伟岸的身躯、令人敬畏的面容和不顾一切的勇气之中。他的对手认为，天底下再没有其他勇士可以和他并驾齐驱，没有任何人可以使威廉屈服。他的力量可以摧毁任何一个英国勇士所具有的从躯体到精神的一切东西。在其他人绝望时，他仍然能够坚强地挺身而出。在英国王室管辖之下的疆域之内，没有任何人可以与他相提并论。”

人生能获得的最好奖赏莫过于身体的健康、结实和强壮。强劲的肌肉就像一架不知疲倦的发电机，供给人们旺盛的生命力和巨大的精神力量。格莱斯顿85岁高龄还紧紧掌握着国家这艘航船的方向，他每天能奔走数英里，在85岁还能砍倒大树——这些人都成就了生命中的伟大事业。

美国布拉尼克博士曾对1500名男女做了长达20年的研究，这项研究从他们20多岁开始，直到40多岁为止。这1500人当中，有83位受试者成了百万富翁。研究发现，每个变成富翁的人，都很早就下定决心要专攻某件令他们痴迷的事——他们

喜欢做的事。结果，努力工作15年或20年后，他们猛然发现，自己的净资产值超过了100万美元。在这类人当中，有百分之七八十都不是企业家，也没有伟大的天才，而只是靠他们在工作中的卓越表现和专长成为富翁的。

不可否认，我们工作都有目的：把金钱置于第一位，你就很可能一直处于贫穷之中；而把事业置于第一位，你可能很快就会走上致富之路。

工作给我们提供了成就事业的机会，没有工作，便不可能有事业。一个人只有将职业当事业，才能倾注自己全部的热情，才会不惜付出，才有可能取得事业的成功。工作意味着去参与、去思考、去创造，我们的事业也就是在这一系列有意义的活动中成就的。在工作中，我们的知识得以增长，思想得以成熟，人格得以完善。当我们成功地完成某件工作时，会发现自己的才华、价值也得到了体现。对于愿意为自己的事业献身的人来说，工作不是一种负担，而是一种乐趣，是生活中的一个组成部分，因为我们只有在工作中才能充分发挥自己的才能，实现自身的价值。

比老板更积极主动

西点人告诉我们一个职场真理：只有积极主动，克服万难保证完成任务，你才能获得成功。现在市场的竞争，也就是人才的竞争，大浪淘沙，自己不努力只有被摒弃，任何企业、任何老板都希望用积极主动的员工。任何老板，都需要那些主动寻找任务、主动完成任务、主动创造财富的员工。

很多人认为公司是老板的，自己只是替别人工作，工作得再多，再出色，得好处的还是老板，与自己没有什么关系。存有这种工作态度的人很容易成为"按钮"式的员工。他们常常是按部就班地工作，缺乏活力，甚至有人趁老板不在时没完没

了地打私人电话或无所事事。这种做法无异于在浪费自己的生命，自毁前程。

一个叫玛丽雅的年轻女孩被一个老板聘用当助手。这个老板只需要玛丽雅帮他阅读顾客的意见书，再把这些意见书归类。玛丽雅的薪水和其他工作人员都一样。

有一天，老板邀请了一位成功学家来公司讲课，成功学家的课讲得非常生动，使员工们认识到了成功的真谛。在讲课结束的时候，成功学家说了这样的一句话："不要局限于大脑中的一小部分，你必须打破那个限制，你才能高飞。"玛丽雅牢牢地记住了这句话，因为这句话令她深受启发。

玛丽雅把这句话放在了心上，从那天开始，她每天晚上都要回到公司继续工作一小时，在这一小时里，她把那些意见信一封一封地阅读，然后，用老板的口气回信。

刚开始时，玛丽雅回到家都要认识研究许多口才方面的书籍，因为她知道自己的口气与老板相差太远，一段时间以后，玛丽雅所写的回信已经比老板写的更好了。这是一件没有薪水的工作，可是玛丽雅并没有在意老板是否注意到自己

的努力，她一直都坚持做着。

后来，由于老板的秘书因故辞职，在挑选合适人选时，玛丽雅自动向老板提出做这份工作，老板毫不犹豫地答应了。原来，在老板的心目中，玛丽雅最合适不过了，因为她的所有举动老板都非常清楚。

要取得像老板一样的成就，办法只有一个，那就是比老板更积极主动地工作。任何员工都不要吝啬自己的私人时间。那些一到下班时间就冲出公司的员工是不会受老板看重的，只有你懂得主动做事，才能得到老板的重视，即使你的付出没有回报也不要斤斤计较。除了自己分内的工作，你应该尽量找机会为公司做出更大的贡献，让老板感觉到你的价值。

静下心来，深入地分析一下这个世界上成功人士的经验与失败人士的教训，卡内基之言真可谓是至理名言。大多数成功人士做任何事情总是“主动”的，做什么事情都是被动的人，一生是难有一番成就的。

任何工作都存在改进的可能，抢先在上司提出问题之前，已经的把答案奉上的行动是最深得上司之心的，因为只有这样的员工才真正能减轻上司的精神负担。你把完整的工作交到上

司手上，他就不用再为此占用大脑空间，可以腾出来思考别的事情了。

使自己的能力得到提升的最好办法是多做一点儿。在做好份内事的同时，尽量为公司多做一点儿，这不但可以表现你勤奋的品德，还可以培养你的工作能力，增强你的生存能力。

当今社会不断发展，作为公司的员工，你的工作范围也应在不停地扩大。不要逃避责任，少说或不说“这不是我应该做的事”，因为，只要你为公司多出一份力，那么，你就多了一份发展的空间。

不要说没人看到你提前上班，如果你想取得你上司今天这样的成就，办法只有一个，那就是比上司更积极主动地工作。

主动沟通

不主动沟通的员工往往爱妄加揣测上司的意思，不愿开口询问，对什么事都假装自己知道情况，并拼命从不完整的信息中拼凑出事情的全貌，最后的工作结果很可能与上司的要求相差甚远。

现代工作中的障碍50%以上都是由于沟通不到位而产生的。一个不善于与上司沟通的员工，是无法做好工作的。

有一位财会专业的女生甲到一家公司应聘财会工作，最后一个面试的是财务经理。当甲进人财务经理的办公室时，财务经理正在用手机打电话。他一边打电话一边示意：“请把文件

柜里的红色文件夹拿给我，我需要告诉对方一些数据。”

甲站起来走向文件柜，拿出一本红色文件夹递给财务经理。财务经理看都没看就放在了桌上，然后说：“面试结束了，你可以走了，很遗憾。”

甲一头雾水：“你什么也没问，怎么就结束了？”

“刚才我让你取文件夹的过程就是面试。”

“可我不明白我错在哪里。”

“你犯了三个错误。第一，文件柜里共有七个红色文件夹，上面有编号，你没有问我需要几号文件夹，而是随便拿来一个。第二，对方在急切地等待我的数据，而且长时间占用网络也需要多缴费用，你应该跑向文件柜以节省时间。第三，在你拿到文件夹的同时应该问我需要哪些数据，然后翻开找到它们再递给我。我的解释你满意吗？”

财务经理对甲不太满意，但人力资源经理还是给了她一次机会，安排她从事客服工作。结果，这位女生的表现还是令人失望。她的性格过于内向，不喜欢沟通和交流，既不主动和同事打招呼，也不向师傅请教。很多时候，她不明白或者不清楚分配的

任务也不会向上司发问，只是就按照自己的理解去做，结果总是与上司的要求相差甚远，最终连这唯一的机会也丧失了。

现在的每一家企业都可以说是人才辈出，高手云集，在这样的环境中，信守“沉默是金”者无异于慢性自杀，不会有什么前途。而正确的工作态度和工作效果，充其量也只能让你维持现状，如果想真正有所成就，必须要主动与上司沟通。

现实生活中，许多员工对上司有生疏及恐惧感，他们在上司面前噤若寒蝉，一举一动别别扭扭，极不自然，甚至就连工作中的述职也尽量不与上司见面，或托同事代为转述，或只用书面形式作工作报告，他们认为这样可以免受上司当面责难的难堪。然而，人与人之间的好感是要通过实际接触和语言沟通才能建立起来的。一个员工，只有主动跟上司面对面地接触，让自己真实地展现在上司面前，才能令上司认识到自己的工作才能，才会有被赏识的机会，才可能得到提升。

而那些有潜在能力且懂得主动与上司沟通的员工却明白，在工作中保持沉默只会给自己带来不利，只有积极沟通，成功地完成事情才是明智的行为。所以，他们总能善于发现沟通渠道，更快更好地领会上司的意图，把工作做得近乎完美。

主动与上司沟通，应懂得主动争取每一个沟通机会。不

仅在工作场合，日常生活中与上司的匆匆一遇，也可能决定着你的未来。比如，电梯间、走廊土、吃工作餐时，遇见你的老板，走过去向他问声好，或者和他谈几句工作上的事。千万不要畏首畏尾，极力避免让上司看见，或匆忙地与上司擦肩而过。如果你能善于沟通，乐于沟通，总有一天你会发现，你的工作总是能最好、最快地完成。

用行动证明自己

西点人喜欢用实际行动来证明自己，而非空洞虚假的言辞宣传。因为他们相信：行动是证明一切的最好方式，只有行动才能赢得真正的胜利。

在职场中，我们要主动行动,在工作中发扬西点军人的主动精神，选择最困难的工作来做，无论加班加点都决无怨言，那你离卓越员工的标准就越来越近了。因为你怎样对待工作，工作也会怎样对待你。你积极地对待工作中的困难，你为工作付出，工作会回报你更多。

当安德鲁应聘担任戴尔集团的经理助理时，他注意到公司

的制度政策和业务手册内容并不全面，其中只包括了公司日常业务范围的少部分。于是他就主动编了一本简明有用的业务手册，供公司那些公司人员作为日常工作业务的操作指导书。后来，集团所有分公司都采用了安德鲁编写的业务手册。从那以后，管理层为安德鲁提供了更多的富有挑战性的工作，不久他便获得了晋升。

那么，我们如何做才能主动行动呢？首先从改变习惯用语开始。不要说："我真累呀！"而要说："忙了一天现在心情真轻松。"不要说："为什么偏偏是我？上帝！"而要说："上帝，考验我吧！"不要说："他们怎么不想想办法？"而要说："我知道我该怎么做。"

在西点的游泳救生训练中，学员要穿着军服、背着包和步枪，从近10米的高台上跳下，然后在水中挣扎着解开背包和步枪，脱掉军服，并把它们绑在水中的浮板上。尽管每一个动作都事先反复演练了无数次，但在走上10米跳台准备往下跳时，每个学员都会紧张得心跳加速，他们在走到跳板尽头后都会迟疑一下，但绝不会退缩，因为那意味着被勒令退学的命运。所以，虽然有些犹豫，他们还是会选择行动，然后纵身跃下。教官就是利用这成功的一跃让学员们明白：行动才能实现梦想，

行动的人才能得到鲜花和掌声。

在这样严格的行业教育下，行动成为每个西点精英的成功理念。

任何一个公司要想有盈余，必须依靠开源和节流。那些待在办公室不与客户打交道的人最低限度也应该成为一个节流高手，不要浪费公司一分钱，否则浪费会使公司的利益大打折扣。

如果你是一个十分明确自己对公司盈亏有义不容辞的责任的人，你就会很自然地留意身边的各种机会，这些机会只要你积极行动就会给你带来回报。

任何人想在工作领域中有所发展，把自己的竞争对手压制下来，积极主动就是最好的武器，也是你获得老板重视的一大前提。因为每一个老板都希望自己的员工能积极主动地工作，善于思考解决问题。

对于那些打一次动一动的员工，没有人会重视，也没有人会愿意接受他。在工作中，这种打一次动一动的员工，任何一个老板都会给予最严厉的惩罚——开除。

世界500强企业的前十名，他们在招聘员工时，都一致性地招聘那些“聪明人”，在他们的定位里，这种“聪明人”并不是个人智力出众或者是某一方面的专家，他们只是把“聪明

人”定位于一个积极主动进取的人。

今天的社会，是一个高度竞争、充满机会与挑战的社会，那些企业的大老板们都需要这种积极主动的员工给公司带来竞争力，这是所有老板们的心声。在这个大环境里，企业总是处于困难和竞争之中，它必须时刻以增长为目标才能生存，但是要达到这个目标，公司员工必须与公司制订的长期计划保持行动一致，在这种情况下最能体验出一个员工是否积极主动。

所以，任何一个员工都应该让自己从被人遗忘的角落里走向前台，把自己以往的懒惰去掉，让自己积极主动起来。这样，你就会成为一个老板真正需要的人。

主动汇报自己的工作

在工作队，不管工作成效好坏，都不要在老板问起时才汇报，这样的态度很糟糕。工作汇报应该是随时进行的，尤其是发生变动和异常情况时更应及时汇报，这是员工的天职，也是常识。

作为一名员工，要尽量在老板提出问题之前主动汇报，即使是要花费很长时间才完成的工作，也应该在中途提出，好让老板了解工作是不是依照计划进行了。如果不是，需要做哪些方面的调整。这样一来，即便工作无法按原计划达到目标，只要让老板知道了工作的经过，也不会遭到责备。

即使老板只出差两三天，在中途也应该及时向老板汇报工

作的进展情况。这样的员工自然让老板觉得放心，从而得以被重用。

汇报的速度越快越好，不管是好消息还是坏消息，都要及时汇报。如果错过了时机，所有的汇报已失去价值。汇报一迟，老板的判断也跟着迟了，这样一来，一定会影响公司的业务和你的业绩。

大多数人都喜欢汇报好消息，对于坏消息迟迟不敢汇报，特别是失败的原因是由自己引起的，那就更不敢讲出来了。其实遇到这种情况时，绝对不能隐瞒，如果一拖再拖也许真的会导致十分严重的后果。所以，对于不好的消息，更是越早汇报越好，这样老板才能及时想出对策。

汇报对接受批示、任务的人来说，是一种应尽的义务。汇报得好与坏，也会使结局受到影响。

无论从哪些一方面说，不积极的人都不是老板所喜欢和器重的人，这样的人也难以取得成功。

要及时、准确地汇报工作，其实是为了能够及时得到老板的指点与支持，这样更利于自己工作的开展。否则一个再能干的员工，只会埋头工作，而不问结果，也不会做好工作。想成为老板所需要的人才，及时主动地汇报工作是一个不得不重视的工作细节。